KB064687

비커 군과
실험기구 선배들

일러두기

- 본문 중 ※ 표시 설명은 지은이 주입니다.
- 이 책은 콘텐츠 특성상 원서와 동일하게 페이지의 오른쪽을 묶는 제본방식으로 제작되었습니다.

비커 군과 실험기구 선배들

역사 속 위대한 실험기구들이 들려주는 흥미진진한 과학 이야기

우에타니 부부 지음 | 오승민 옮김 | 오카모토 다쿠지 · 김경숙 감수

더숲

머리말

안녕하세요.

먼저 이 책을 선택해주신 여러분께 감사의 말씀을 드립니다.

저는 이 책의 지은이, 이과 계열 일러스트레이터 우에타니 부부입니다. 제 대표작인 <비커 군> 시리즈의 첫 책 《비커 군과 실험실 친구들》(한국어판 2018년)에서는 실험기구를 소개하고, 두 번째 책 《비커 군과 친구들의 유쾌한 화학실험》(한국어판 2018년)에서는 초등학교에서 하는 실험부터 대학교에서 하는 실험에 이르기까지 다양한 화학실험을 소개했습니다. 그리고 이번에 소개하는 주제는 '역사에 남은 실험기구'입니다! 내용이 한층 더 깊어졌지요?

이 책은 박물관에 간 비커 군과 친구들이 전시된 실험기구 선배들을 만나 이야기를 듣는 구성입니다. 각 전시실에 전시된 선배들이 비커 군도 몰랐던 '기구의 탄생 비화'와 '당시의 활약상'을 들려줍니다. 이를테면 pH 시험지가 세계 최초로 만들어진 이야기나 계산자가 잘나갈 때는 한 해에 100만 개나 팔린 이야기 등 실험기구에 얽힌 일화를 통해 과학의 역사를 흥미롭게 만날 수 있습니다. 친구들과 나누고 싶은 이야기가 될 거라고 확신합니다.

박물관의 전시실은 분야별로 나뉘어 있습니다. 관찰, 측정, 계산, 전자기, 진공·빛, 유리 재질 이렇게 여섯 분야입니다.

등장하는 선배들은 하나같이 개성이 뚜렷하고 역사적으로도 중요한 기구들입니다. 여섯 분야를 모두 추천할 만하지만, 굳이 하나만 고른다면 저는 '진공·빛'을 추천하겠습니다. 이유가 뭐냐고요? 그리기가 너무 힘들었거든요(웃음). 농담이고요. 어디가 제일 그리기 어려웠는지 찾아보시기 바랍니다(힌트는 '말'. 정답을 거의 알려드린 거나 마찬가지네요).

초등·중학생 친구들, 먼저 소개한 책들과 마찬가지로 이번 책도 참고서가 아닙니다. 그보다는 과학이 수많은 위인의 노력과 실험기구의 활약 덕택에 존재하는 학문이라는 걸 여러분이 느낄 수 있으면 좋겠습니다. 학교에서 과학을 공부할 때 조금은 다른 시각으로 바라보게 될 테니까요. 이 책을 계기로 여러분이 과학에 더욱 흥미를 갖게 된다면 정말 기쁠 것 같습니다. 여러 선생님의 도움으로 또다시 재미있는 책이 완성되었습니다.

이번에는 박물관에 갔다고 상상하면서 읽어보시기 바랍니다.

우에타니 부부

감수의 글

과학을 많이 접하는 과학 교사인 저는 보통 사람들보다 조금 더 많이 알고 관심이 있을 뿐 과학의 모든 것을 아는 건 아니어서 신기하게 여겨지는 것도 많습니다. 당연한 일이겠죠.

"비행기의 날개는 이러이러하게 생겼고, 바람이 불면 저러저러하게 양력이 생겨서 하늘을 날 수 있는 거예요"라고 설명하면서도 비행기를 탈 때마다, 하늘을 나는 비행기를 볼 때마다 '정말 그런 원리로 저렇게 무거운 비행기가 나는구나' 하면서 신기해합니다.

과학에 관한 이야기를 들을 때도 '우와~' 하면서 듣는 경우가 많습니다. 어쩌면 다른 사람들보다 더 신기해하고 더 놀라는 걸지도 모르겠습니다.

이 책에 등장하는 갈릴레이의 망원경만 해도 그렇습니다. '멀리 있는 것을 크게 보려면 볼록렌즈를 떠올리는 것이 보통인데 어떻게 오목렌즈를 생각해 냈을까?'라고 궁금해하고 '아하!' 하면서 알아 가는 과정이 즐겁습니다.

<비커 군> 시리즈는 해마다 열리는 일본의 과학 행사인 '청소년을 위한 과학제전 전국대회'가 열리는 과학관의 뮤지엄숍에서 처음 보았습니다. 책을 훑어보면서 '우리에게 가장 친근한 과학 기구인 비커가 과학을 설명하고, 게다가 학생들이 쉽고 재미있게 볼 수 있는 만화라니! 우리나라 학생들이 보면 좋겠다'라고 생각했었습니다.

술술 읽히는 이 책 《비커 군과 실험기구 선배들》을 보면 과학이 어떻게 발전해 왔는지, 과학을 쌓아 올린 많은 과학자는 어떤 과정을 걸어왔는지를 알 수 있습니다. 몇백 년 전 과학자와 함께했던 실험기구들을 우리가 오늘날에도 사용

하고 있다는 사실에는 놀라지 않을 수 없죠.

학교에서 집에서 텔레비전에서 등장하는 이 책 속의 실험기구 선배들을 즐겁게 만나면서 과학과 친해지면 좋겠습니다. 또 간단하게 설명하고 지나간 실험기구나 더 알고 싶은 실험기구가 등장하면 인터넷이나 좀 더 전문적인 책을 찾아보면서 과학과 한층 친해지면 좋겠습니다.

비커 군이 실험기구 선배들을 만난 것처럼 말입니다.

김경숙(경인고등학교 과학 교사)

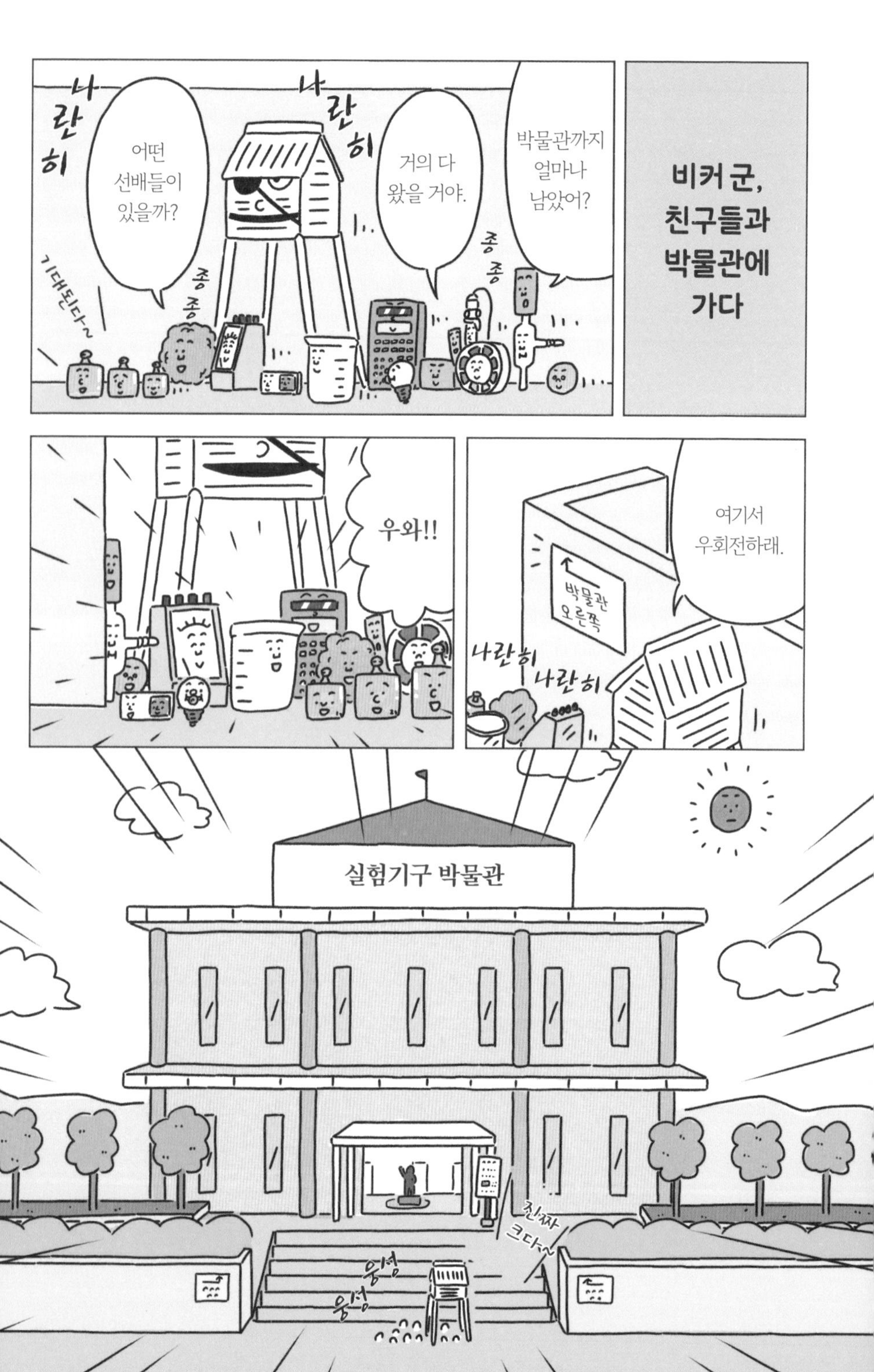

나란히
어떤 선배들이 있을까?
기대된다~
종종
나란히
거의 다 왔을 거야.
종종
박물관까지 얼마나 남았어?
비커 군, 친구들과 박물관에 가다
우와!!
여기서 우회전하래.
박물관 오른쪽
나란히
나란히
실험기구 박물관
진짜 크다~
웅성
웅성

어, 가이드맵이다.
진짜 넓다~
난 2층부터 볼래!
쓰윽
가자~
쓰윽
진짜 좋다~!
휙
얘들아, 어디부터 볼…?
박물관 가이드맵
1층
2층
아하~ 분야별로 전시되어 있네.
혼자서 하나씩 차근차근 봐야겠다.
총총
태~앵
아, 벌써 다 가버렸네…

차례

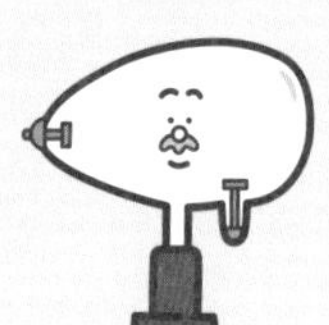

머리말 … 4
감수의 글 … 6
비커 군, 친구들과 박물관에 가다 … 8
박물관 가이드맵 … 12
이 책에 등장하는 비커 군 친구들 … 13
이 책을 읽는 방법 … 14

CHAPTER 1 관찰하는 선배들

관찰하는 선배들 … 16
로버트 훅의 현미경 군 … 22
19세기의 현미경 군과 프레파라트 군 … 26
M.KATERA 씨 … 28
갈릴레이 망원경 할아버지들 … 32
적이야? 동지야? … 36
선배들에 얽힌 추억 이야기 01 … 38

CHAPTER 2 측정하는 선배들

측정하는 선배들 … 40
조언 … 45
로빈슨 풍속계 군 … 46
세계 최초 pH 시험지 군들 … 50
일본산 최초 pH 측정기 씨 … 53
선배들에 얽힌 추억 이야기 02 … 58

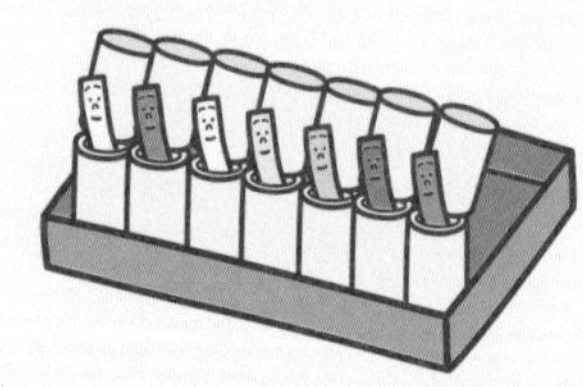

CHAPTER 3 계산하는 선배들

계산하는 선배들 … 60
파스칼린 누님 … 66
타이거 계산기 씨 … 68
컴펫 CS-10A 군과 fx-1 로봇 … 72
영화 출연?! … 77
선배들에 얽힌 추억 이야기 03 … 80

CHAPTER 4 전자기와 관련된 선배들

전자기와 관련된 선배들 … 82
에레키테르 보이 … 88
찌릿찌릿찌릿 … 91
볼타 전지 군 … 92
야이 건전지 군 … 96
KS 자석강 씨 … 100
선배들에 얽힌 추억 이야기 04 … 106

CHAPTER 5 진공 · 빛과 관련된 선배들

진공 · 빛과 관련된 선배들 … 108
푸코의 회전거울 군 … 116
크룩스관 씨와 형광판 씨 … 120
척척 박사 아기 꼬마전구 … 125
선배들에 얽힌 추억 이야기 05 … 126

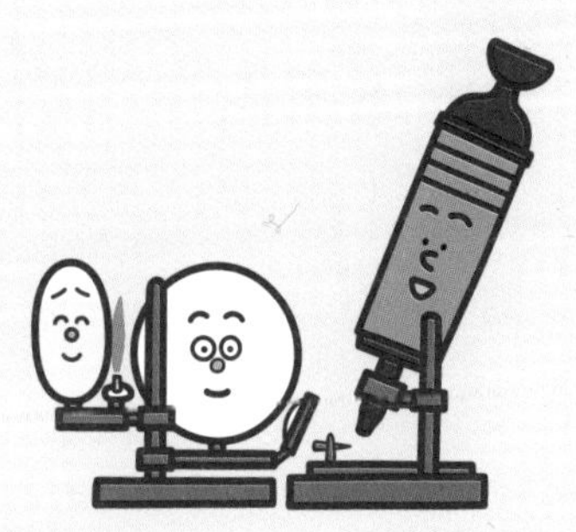

CHAPTER 6 유리로 만들어진 선배들

유리로 만들어진 선배들 … 128
칼리구 군 … 134
백조목 플라스크 할아버지 … 138
거북 등딱지 샬레 군 … 142

사진으로 만나는 실험기구 선배들 … 146
박물관을 나오며 … 158
참고문헌 … 160
사진 제공 · 취재 협력 리스트 … 162

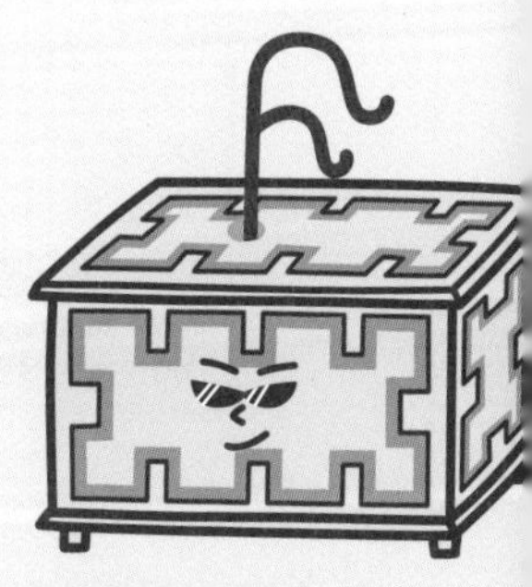

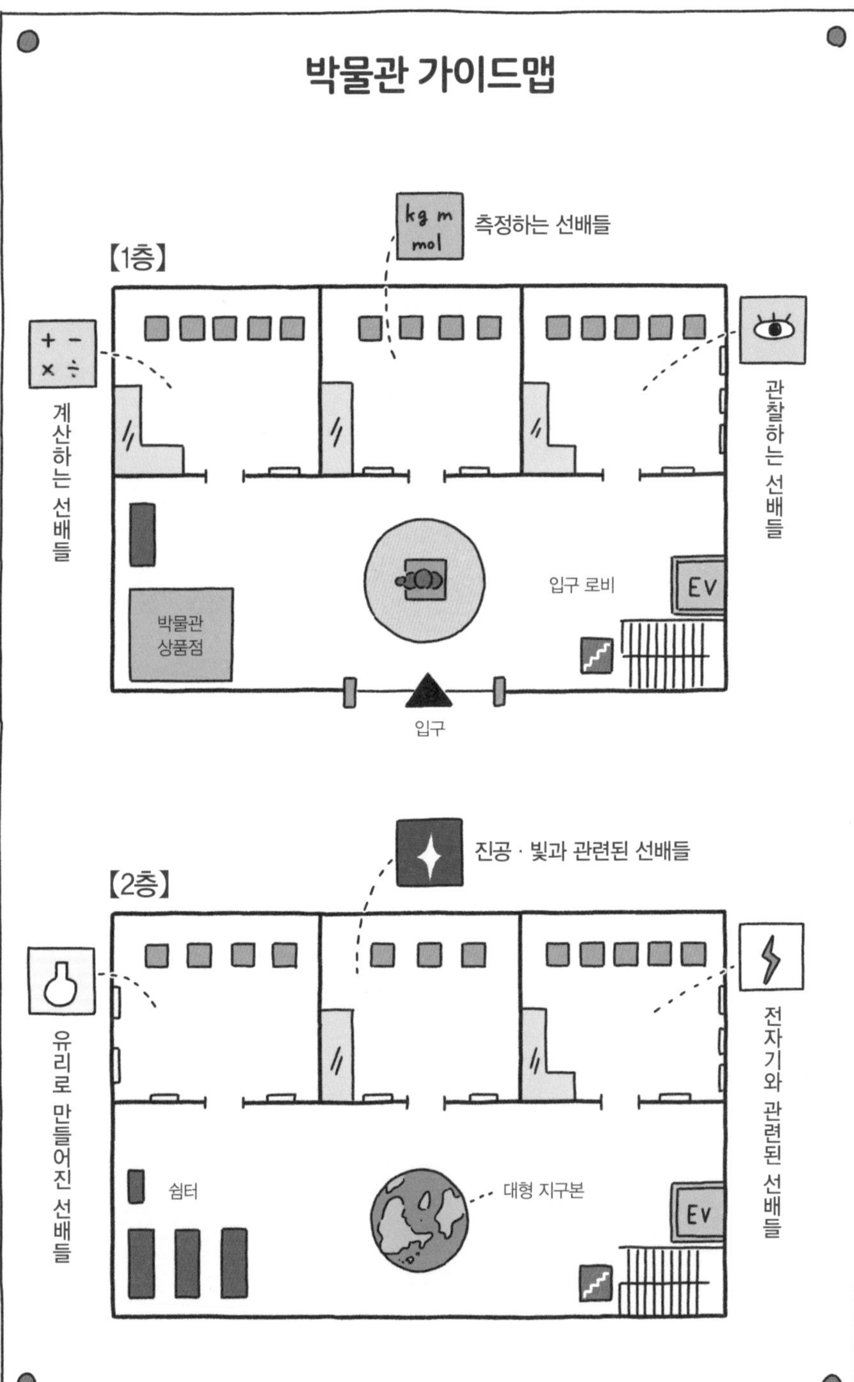
박물관 가이드맵
【1층】
kg m mol
측정하는 선배들
계산하는 선배들
관찰하는 선배들
입구 로비
EV
박물관 상품점
입구
【2층】
진공 · 빛과 관련된 선배들
유리로 만들어진 선배들
전자기와 관련된 선배들
쉼터
대형 지구본
EV

이 책에 등장하는 비커 군 친구들

프레파라트 군
(받침유리 군과
덮개유리 군)

분동 삼형제

pH 시험지 군과
케이스 군

공학용
전자계산기 로봇

7.00

탁상형 pH
측정기 군과 전극 군

전압계 군

네오디뮴 자석 군

아기 꼬마전구

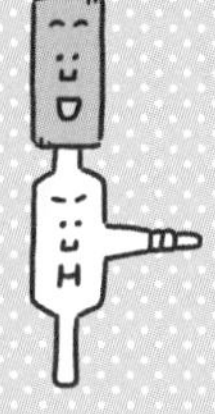

아스피레이터 군과
고무관 군

연소 전 강철솜 군

백엽상 형님

다들 어느
전시관으로
갔지?

비커 군

이 책을 읽는 방법

실험기구 선배들의 캐릭터 도감

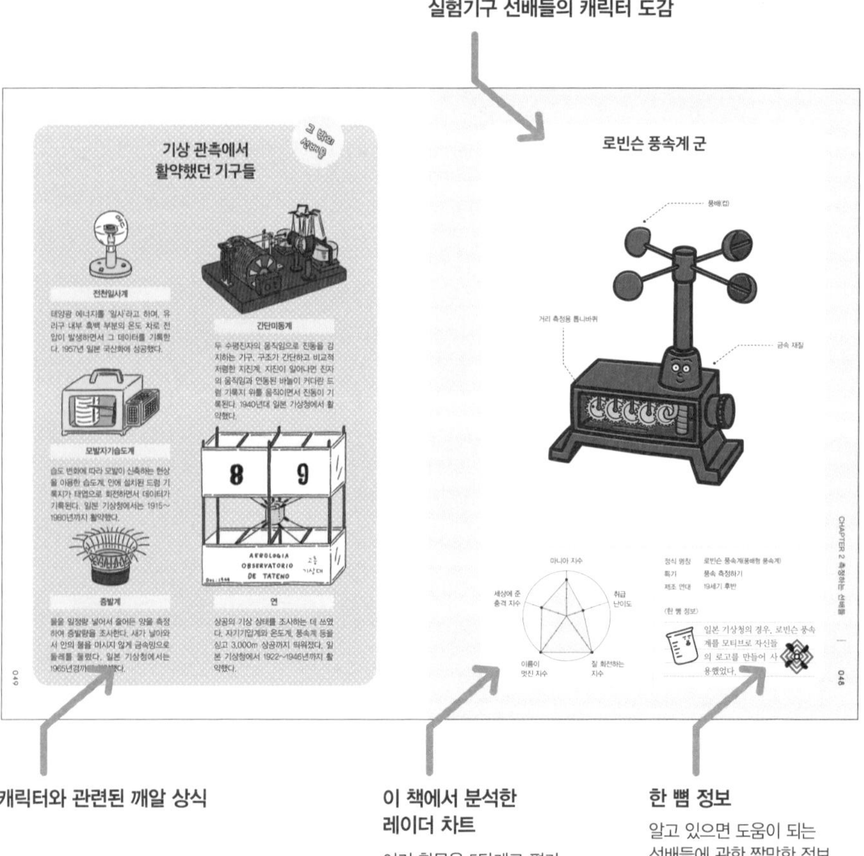
기상 관측에서 활약했던 기구들
그 밖의 선배들
전천일사계
태양광 에너지를 '일사'라고 하며, 유리구 내부 흑백 부분의 온도 차로 전압이 발생하면서 그 데이터를 기록한다. 1957년 일본 국산화에 성공했다.
간단미동계
두 수평진자의 움직임으로 진동을 감지하는 기구. 구조가 간단하고 비교적 저렴한 지진계. 지진이 일어나면 진자의 움직임과 연동된 바늘이 커다란 드럼 기록지 위를 움직이면서 진동이 기록된다. 1940년대 일본 기상청에서 활약했다.
모발자기습도계
습도 변화에 따라 모발이 신축하는 현상을 이용한 습도계. 안에 설치된 드럼 기록지가 태엽으로 회전하면서 데이터가 기록된다. 일본 기상청에서는 1915~1980년까지 활약했다.
8
9
AEROLOGIA
OBSERVATORIO
DE TATENO
고층 기상대
증발계
물을 일정량 넣어서 줄어든 양을 측정하여 증발량을 조사한다. 새가 날아와서 안의 물을 마시지 않게 금속망으로 둘레를 둘렀다. 일본 기상청에서는 1965년경까지 활약했다.
연
상공의 기상 상태를 조사하는 데 쓰였다. 자기기압계와 온도계, 풍속계 등을 싣고 3,000m 상공까지 띄워졌다. 일본 기상청에서 1922~1946년까지 활약했다.
049
로빈슨 풍속계 군
풍배(컵)
거리 측정용 톱니바퀴
금속 재질
마니아 지수
취급 난이도
잘 회전하는 지수
이름이 멋진 지수
세상에 준 충격 지수
정식 명칭 로빈슨 풍속계(풍배형 풍속계)
특기 풍속 측정하기
제조 연대 19세기 후반
(한 뼘 정보)
일본 기상청의 경우, 로빈슨 풍속계를 모티브로 자신들의 로고를 만들어 사용했었다.
CHAPTER 2 측정하는 선배들
048

캐릭터와 관련된 깨알 상식

이 책에서 분석한 레이더 차트

여러 항목을 5단계로 평가

한 뼘 정보

알고 있으면 도움이 되는 선배들에 관한 짤막한 정보

이 책에서는 비커 군과 실험실 친구들의 선배들을 소개합니다. 만화와 도감을 통해 실험기구의 탄생 비화와 역사에 이름을 새기게 된 위대한 실험들을 설명합니다.
실험기구 선배들을 직접 보신 분들에게는 그 모습과 조금 다른 모양일 수도 있겠지만, 이제부터 소개하는 실험기구의 다양한 모습을 기대해 주세요.

CHAPTER 1

관찰하는 선배들

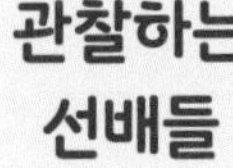
관찰하는
선배들

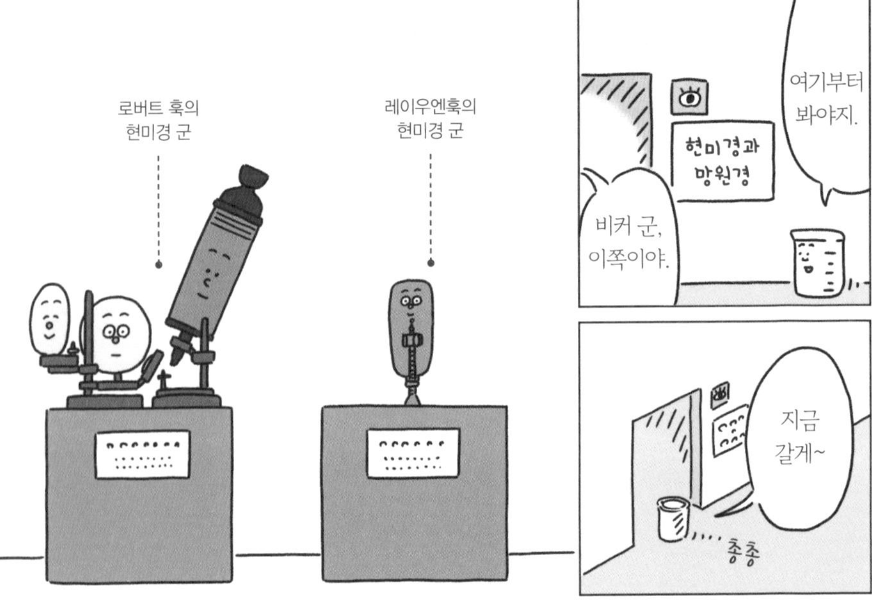
여기부터
봐야지.
현미경과
망원경
비커 군,
이쪽이야.
지금
갈게~
총총
로버트 훅의
현미경 군
레이우엔훅의
현미경 군

현미경은 16세기 말
네덜란드의 안경장인이
만들었다고 알려져 있어.
망원경도 같은 시기에
네덜란드에서 발명되었대.※
네덜란드라...

우와!
굉장하지?
먼저 와 있던
프레파라트 군

※ 영국에서 먼저 발명되었다는 설도 있다.

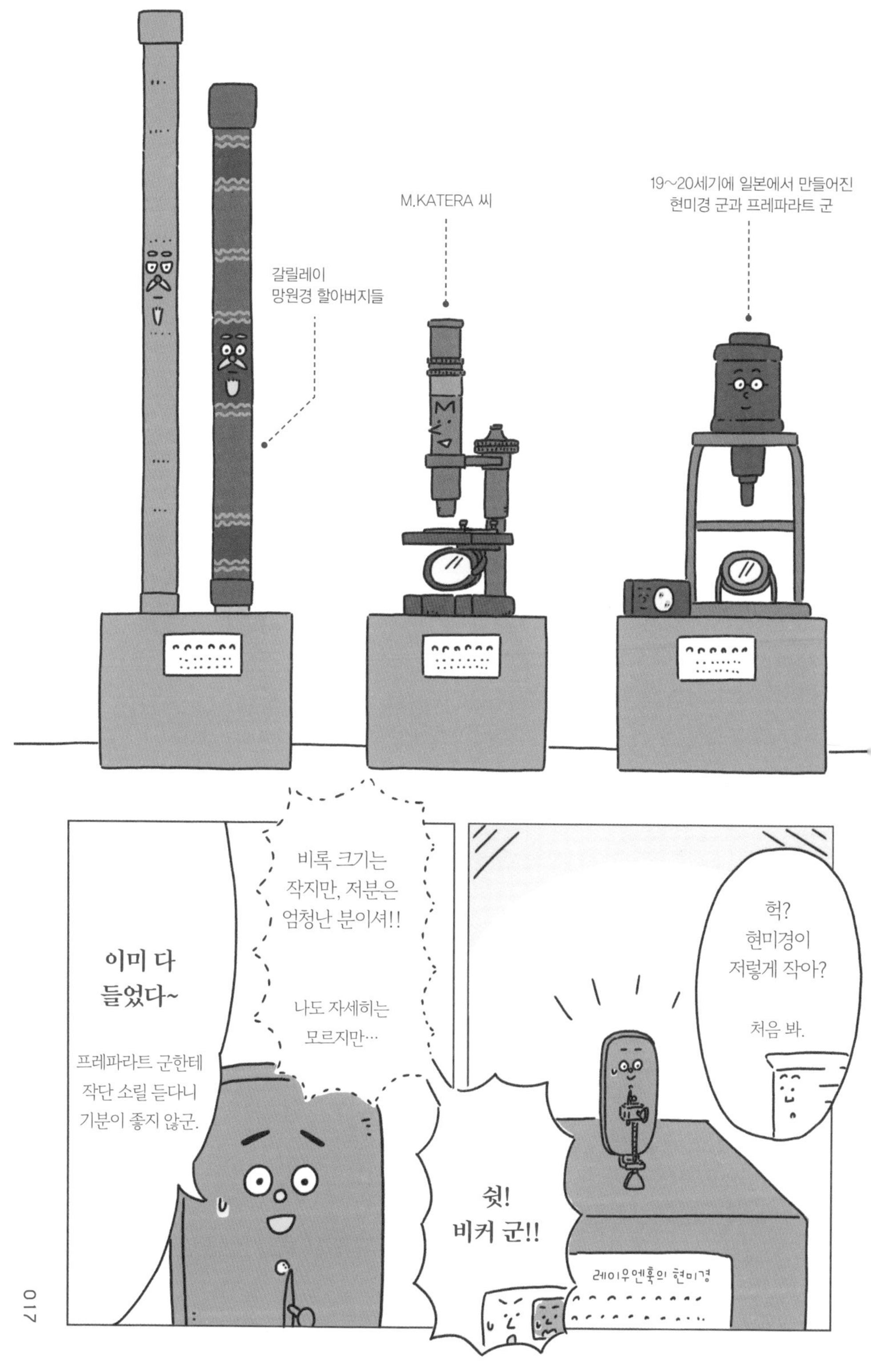

갈릴레이
망원경 할아버지들
M.KATERA 씨
19~20세기에 일본에서 만들어진
현미경 군과 프레파라트 군
비록 크기는 작지만, 저분은 엄청난 분이셔!!
나도 자세히는 모르지만…
이미 다 들었다~
프레파라트 군한테 작단 소릴 듣다니 기분이 좋지 않군.
쉿! 비커 군!!
헉? 현미경이 저렇게 작아?
처음 봐.
레이우엔훅의 현미경

여기 내 입
아래쪽에 구멍이
뚫려 있지?
여기에 지름
3mm의
유리알이
들어 있는데
이게 단렌즈
역할을 해.
오호~
여기

이름에서
알 수 있듯이
난 레이우엔훅 씨가
만든 단렌즈
현미경이야.
레이우엔훅
(1632~1723)
단렌즈요?

이래 보여도
난 확대 배율이
250배 이상이나
된다구.
진짜요!?
지금 현미경
못지않네요!

실제로는 이런 식으로 관찰하는 거지
레이우엔훅 씨는 아마추어 과학자였는데, 왕성한 호기심으로 주변의 여러 물체를 관찰했어.
집중
렌즈
관찰하려는
물체

17세기 후반 레이우엔훅 씨는 세계 최초로 세균을 발견해. 그 밖에도 다양한 것들을 발견해냈어.
뭐지 이건?
치태를 관찰했더니
매우 작은 생물이 보여!
레이우엔훅 씨가
발견한 것들
적혈구
세균
정자
수중생물
등

외국인으로
선출됐다는 건
레이우엔훅 씨의 업적이
그만큼 훌륭했다는
증거지!
게다가 영국 국왕이
승인한 세계 최초의
과학자 단체인 왕립학회의
정식회원으로도 뽑혔어.
그럼!
'미생물학의
아버지'라고
불릴 정도니까.
레이우
엔훅 씨는
정말
훌륭하시네요.

업적에 비해
이름은 별로 알려지지
않은 것 같아.
레이우엔훅이라는 이름은
별로 들어보지 못했거든.
그러네
왕립학회의
역대 유명 회원들
아인슈타인
뉴턴
패러데이
왕립학회란 현존하는 가장 오래된 과학 학회(1660년 설립)야. 학회 연구 성과의 보급 및 국제과학 교류 등 다양한 활동을 펼치고 있어.

레이우엔훅
씨가 모델
정말?
요하네스 페르메이르의
그림 〈지리학자〉
이 그림은
〈진주 귀걸이를
한 소녀〉를
그린 요하네스
페르메이르의
유명한 그림인데
레이우엔훅 씨가
모델이래.※
레이우엔훅 씨는
내 제작법을
아무에게도
알려주지 않아서
널리 보급되지
않았거든.
그건 아마 내가
현미경치고는
잘 알려지지
않았기
때문일 거야.

※ 여러 가지 설이 있다.

레이우엔훅의 현미경 군

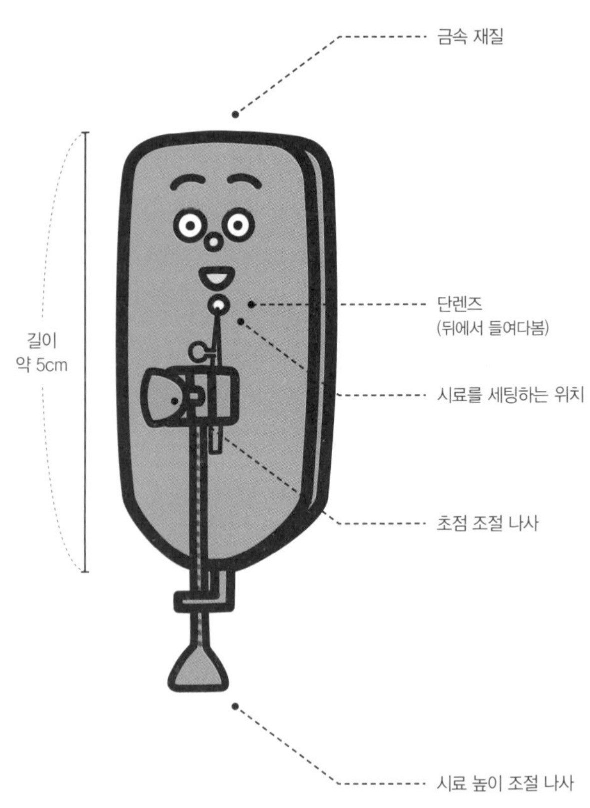

금속 재질
길이
약 5cm
단렌즈
(뒤에서 들여다봄)
시료를 세팅하는 위치
초점 조절 나사
시료 높이 조절 나사

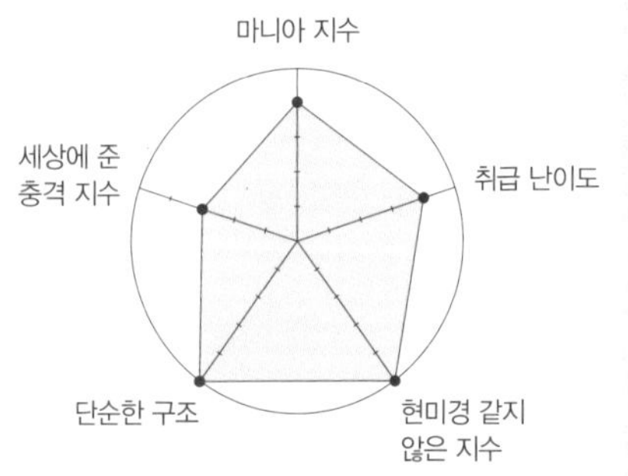

마니아 지수
취급 난이도
현미경 같지 않은 지수
단순한 구조
세상에 준 충격 지수

정식 명칭 레이우엔훅이 만든 현미경

특기 확대해서 관찰하기

제조 연대 17세기 후반

〈한 뼘 정보〉

레이우엔훅 현미경의 소문이 퍼지면서 당시 영국 국왕 찰스 2세가 레이우엔훅의 집을 방문할 만큼 유명해졌다고 한다.

레이우엔훅 씨가 관찰한 것들
(극히 일부)

양털

잠자리 눈

벌침

누에고치 실

잎맥

곰팡이

아메바

물벼룩

해캄

레이우엔훅 씨,
역시 훌륭하셔!

진짜
그렇게 많이
만들었어?

시료 하나마다
현미경 하나가
필요했기 때문에※
레이우엔훅 씨는 평생
500개가 넘는 현미경을
만들었다고 해.

※시료를 세팅하기가 어려웠기 때문이다.

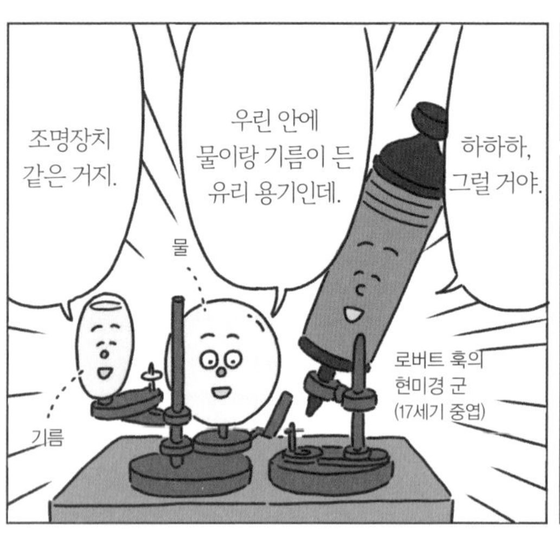
조명장치
같은 거지.
우린 안에
물이랑 기름이 든
유리 용기인데.
하하하,
그럴 거야.
물
기름
로버트 훅의
현미경 군
(17세기 중엽)

로버트 훅의 현미경 군

이건 레이우엔훅 씨의
현미경보단 모양이
현대적이지만
왼쪽 부분은
좀 낯설다…

사용 이미지

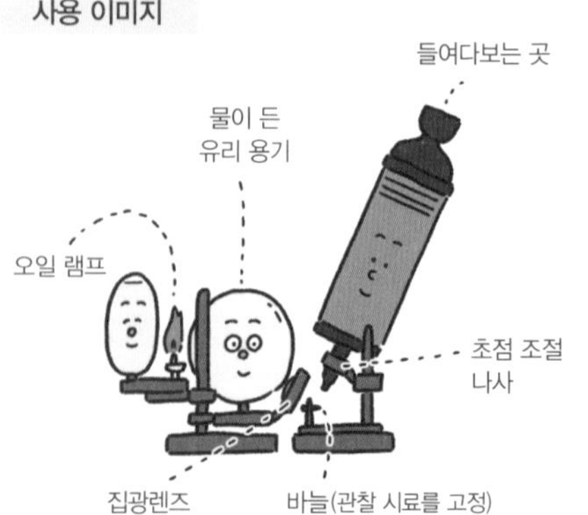
들여다보는 곳
물이 든
유리 용기
오일 램프
초점 조절
나사
집광렌즈
바늘(관찰 시료를 고정)

① 오일 램프의 빛이 유리 용기를 통과한다.

⇩

② 집광렌즈로 빛이 바늘 끝에 모인다.

⇩

③ 바늘 끝에 있는 시료를 환하게 비춘다.

⇩

④ 초점 조절 나사로 초점을 맞추어 관찰한다.

실제로는
이런 방법으로
사용해.

그 책 나도 알아!
마이크로 분야에선
엄청 유명해!
진짜?
궁금해

우리 이름은
로버트 훅 씨에게서 유래한 거야.
그는 우리를 이용해서 많은 것을
관찰했는데 그 결과를 가지고
훗날 위대한 책을 출간하셨어.
로버트 훅
(1635~1703)
끄덕
끄덕

17세기 중반 훅 씨는 매주 왕립학회 회의에서 실험을 했는데 현미경의 관찰기록을 발표했대. 이때 회원들이 이런 말을 했대.
로버트 훅
(협회의 실험 담당)
훅의 관찰기록을 출판하도록 합시다!
그러니 훅 씨는 매주 1개 이상 관찰해오도록 하세요.
네! 알겠습니다!

그렇게 발표는 약 2년 동안 계속되었고, 그 결과를 종합해서 책을 출판했는데 바로 이 책이야!

MICROGRAPHIA
MINUTE BODIES
By R. HOOKE

《마이크로그라피아》
(1665년 발간)

그래서 훅 씨는 열심히 관찰하면서 매주 회의에서 결과를 발표했어

이번 관찰은…

쓱 쓱

이번 주는 이것입니다!

원래 꿈이 화가였던 훅 씨는 그림도 굉장히 잘 그렸어.

《마이크로그라피아》에
게재된 물체의 예

벼룩

벌침

곰팡이

파리의 겹눈

책에는 바늘이나 천과 같은 인조물, 식물, 곤충 등 100종류 이상의 물체의 모습이 그림으로 세밀하게 표현되어 있어.

당시 세상에 엄청난 충격을 주면서 베스트셀러가 되었지.

진짜 대단해!

이 구멍은 '세포'가 빠져나간 자리였는데 훅 씨는 이를 'cell'※이라고 이름 붙였어. 훅 씨를 세포의 발견자라고 하는 것은 이 때문이지.
대발견이야!
구멍이 엄청나게 많네!
…!?
코르크가 왜 이렇게 가벼운지 궁금해. 어디 보자…
코르크 확대도
이 책에는 얇게 썬 코르크를 관찰한 결과도 실려 있어.

※ '작은 방'이라는 뜻으로 사용했다.

그런데 둘은 정말 사이가 나빠서 만나기만 하면 맨날 싸웠대.
틈만 나면 싸웠던 두 사람
빛은 입자다!
찌릿
빛은 파동이다!
뉴턴
훅
뉴턴의 라이벌? 정말 대단한걸!
훅은 '뉴턴의 라이벌'이라는 말도 있어.
그 밖에 훅 씨는 당시 세계 최고 수준의 진공펌프를 만들기도 하고 '훅의 법칙'도 발견했어.

그게 사실이라면 뉴턴 씨는 좀 심한걸!
지금도 훅 씨의 초상화는 못 찾고 있대.

18세기 초 왕립학회 회장이 된 뉴턴이 협회를 이전할 때 훅의 초상화와 실험 장비를 모두 불태워버렸다는 설까지 있을 정도야.※
활활활활활활

※ 훅은 이미 사망한 후였다.

로버트 훅의 현미경 군

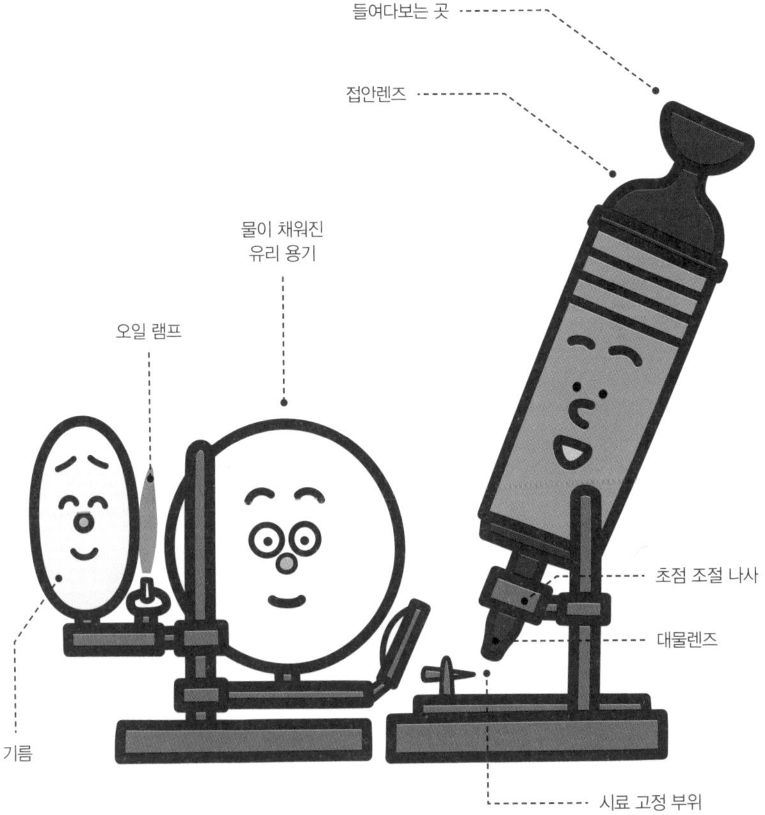

들여다보는 곳

접안렌즈

물이 채워진
유리 용기

오일 램프

초점 조절 나사

대물렌즈

기름

시료 고정 부위

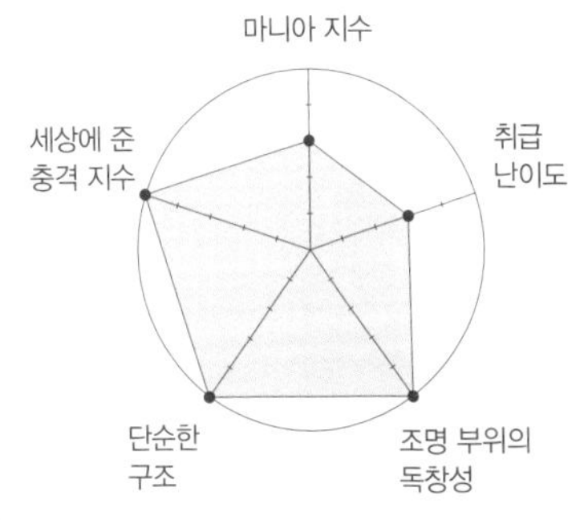

마니아 지수
취급
난이도
조명 부위의
독창성
단순한
구조
세상에 준
충격 지수

정식 명칭	로버트 훅이 사용한 현미경
특기	확대해서 관찰하기
제조 연대	17세기 중엽

〈한 뼘 정보〉

관찰결과물을 종합해 출간한 《마이크로그라피아》는 많은 이에게 지대한 영향을 미쳤고 그중에는 뉴턴도 있다.

우와,
19세기
라고?!
그렇게
옛날부터
일본에
현미경이
있었어?
19세기 일본의 현미경

19세기의 현미경 군과 프레파라트 군

안녕,
이쪽이야!
다음은
뭐가 있을까?

마쓰다 도에이
(1788~1847)
안과의사. 안과 지식을 활용하여 현미경과 망원경을 제작했다.

저는 일본 가나자와의 동네 안과의사였던 마쓰다 도에이가 만든 현미경이에요. 만들어진 후에는 당시 가나자와 인근을 통치한 영주 마에다 나리야스에게 바쳐졌어요.

그렇답니다!
저는 1837년
일본에서
만들어졌어요.

보세요,
안에
들어 있죠?
여기에 당시의
프레파라트 군도
있어요.
19세기의
곤충이다!!
당시 사람들은
무엇을
관찰했나요?
관찰보다는
주로 곤충 등을
관상하는 데
쓰였어요.

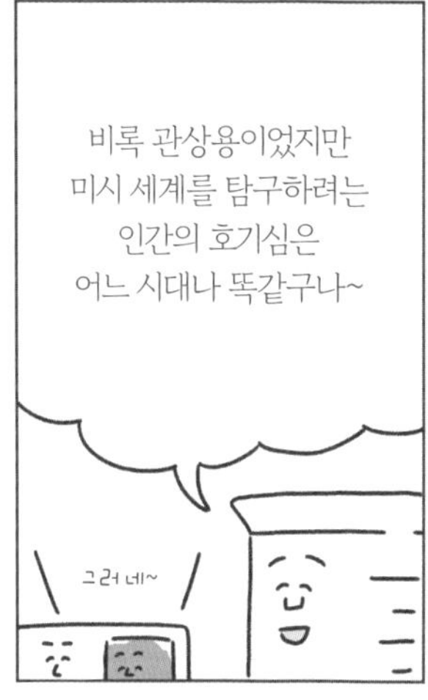
비록 관상용이었지만
미시 세계를 탐구하려는
인간의 호기심은
어느 시대나 똑같구나~
그러네~

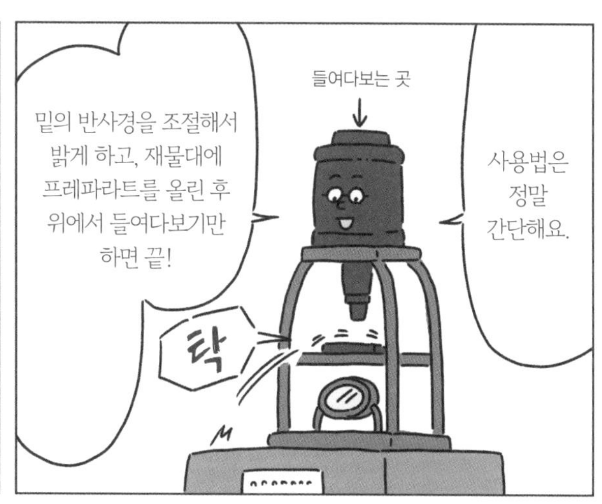
사용법은
정말
간단해요.
밑의 반사경을 조절해서
밝게 하고, 재물대에
프레파라트를 올린 후
위에서 들여다보기만
하면 끝!
들여다보는 곳
탁

19세기 일본에서는
현미경을 연구에
사용하기도 했어요.
19세기에
연구를?
또 다른 곳※의 영주 도이 도시쓰라 씨가 유명하죠.
도이 도시쓰라
(1789~1848)

※ 일본 이바라기현 고가시

눈의 결정 모양은
당시 사람들의
마음을 사로잡아
생활잡화의
문양으로도
유행했어요.
19세기의
멋이었군요.
칼의 날밑
약이나 도장을 넣는 인롱

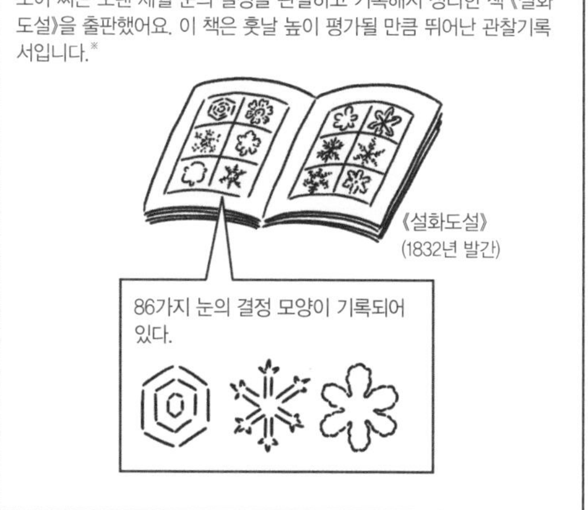
도이 씨는 오랜 세월 눈의 결정을 관찰하고 기록해서 정리한 책 《설화도설》을 출판했어요. 이 책은 훗날 높이 평가될 만큼 뛰어난 관찰기록서입니다.※
《설화도설》
(1832년 발간)
86가지 눈의 결정 모양이 기록되어 있다.

※ 눈과 얼음을 연구한 과학자 나카타니 우키치로가 높이 평가했다. 그는 세계 최초로 인공 눈을 만드는 데 성공했다.

바로 M. KATERA 씨입니다!
정확히 말하면 IV형이야
오~ 요즘 스타일이다!
M.KATERA 씨 (1914년 제작)
M.KATERA 씨
일본산 현미경이라고 하면
제 옆에 계신 분도 유명해요.

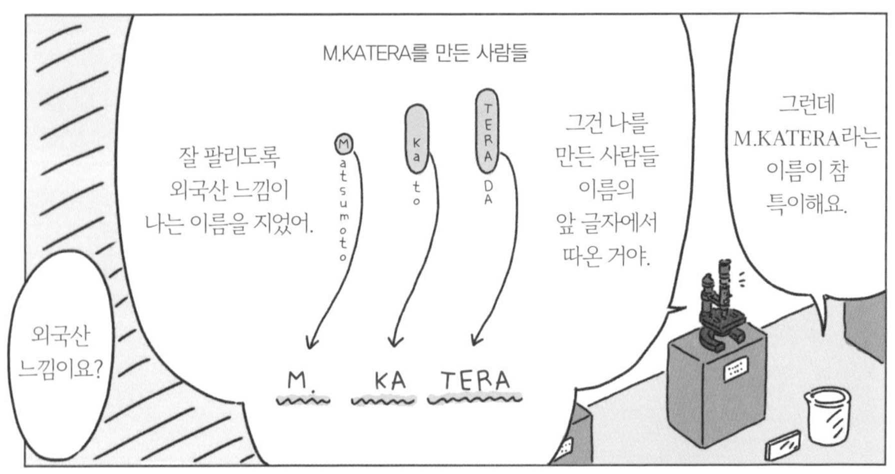
그런데 M.KATERA라는 이름이 참 특이해요.
그건 나를 만든 사람들 이름의 앞 글자에서 따온 거야.
M.KATERA를 만든 사람들
Matsumoto
Kato
TERADA
M. KA TERA
잘 팔리도록 외국산 느낌이 나는 이름을 지었어.
외국산 느낌이요?

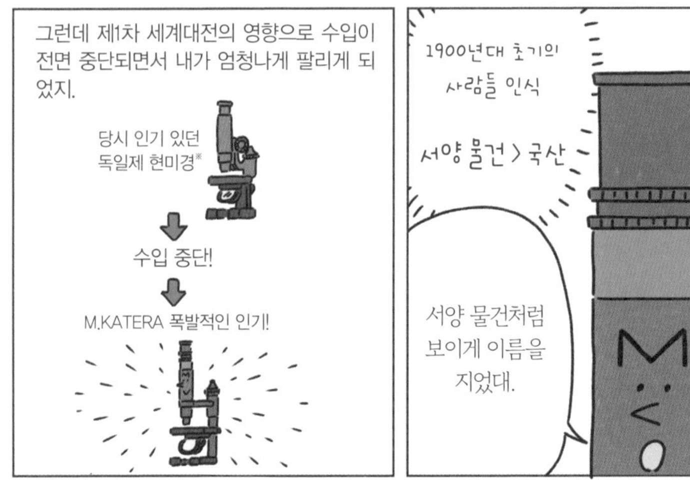
그런데 제1차 세계대전의 영향으로 수입이 전면 중단되면서 내가 엄청나게 팔리게 되었지.
당시 인기 있던 독일제 현미경※
수입 중단!
M.KATERA 폭발적인 인기!

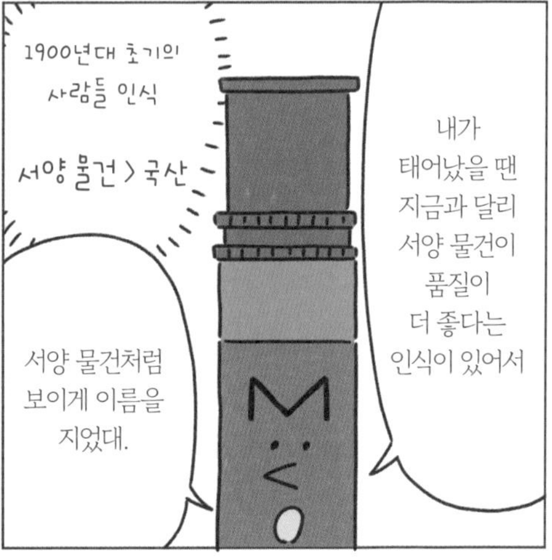
1900년대 초기의 사람들 인식
서양 물건 > 국산
내가 태어났을 땐 지금과 달리 서양 물건이 품질이 더 좋다는 인식이 있어서
서양 물건처럼 보이게 이름을 지었대.

※ 당시 일본과 독일이 적대관계였던 것과 관련이 있다.

당시에는
M.KATERA 씨는
주로 어떤 용도로
사용되었나요?

우와~
지금의 보통
현미경이랑
비교해도
손색이 없네요.
렌즈 조합에
따라 배율이
최대 600배까지
가능해.
접안렌즈
대물렌즈
게다가
성능도
우수했거든.

양잠은 누에를 키워 생사를 추출해서 비단을 만드는 것을 말해. 19세기부터 20세기까지 양잠업은 일본에서 매우 중요한 산업이이었어. 누에가 걸리는 병 중 하나인 미립자병은 특히 유럽에서 문제가 되었어.

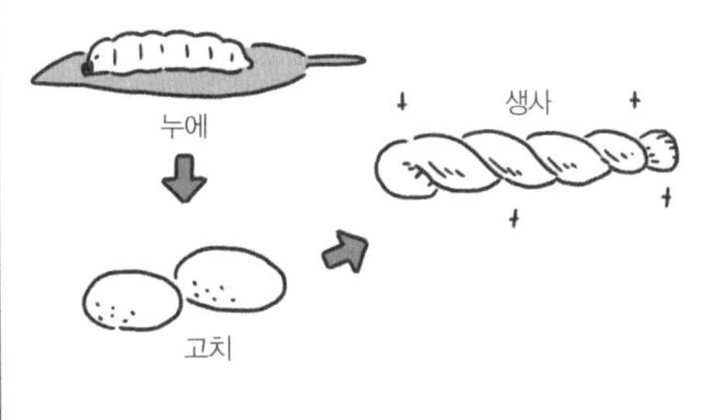
누에
고치
생사

음~
의학계나
교육 현장
그리고
양잠업에서도
활약했지.
양잠
이요?

우리도
선배들한테
질 순 없지!
산업 발전에
현미경 선배들이
많은 기여를
했구나~

그래서 이를 사전에 방지하기 위해 검사하는 데 우리가 사용됐지.

기생충 없음!
알을 낳은
암누에나방을 검사한다.

19세기의 현미경 군과 프레파라트 군

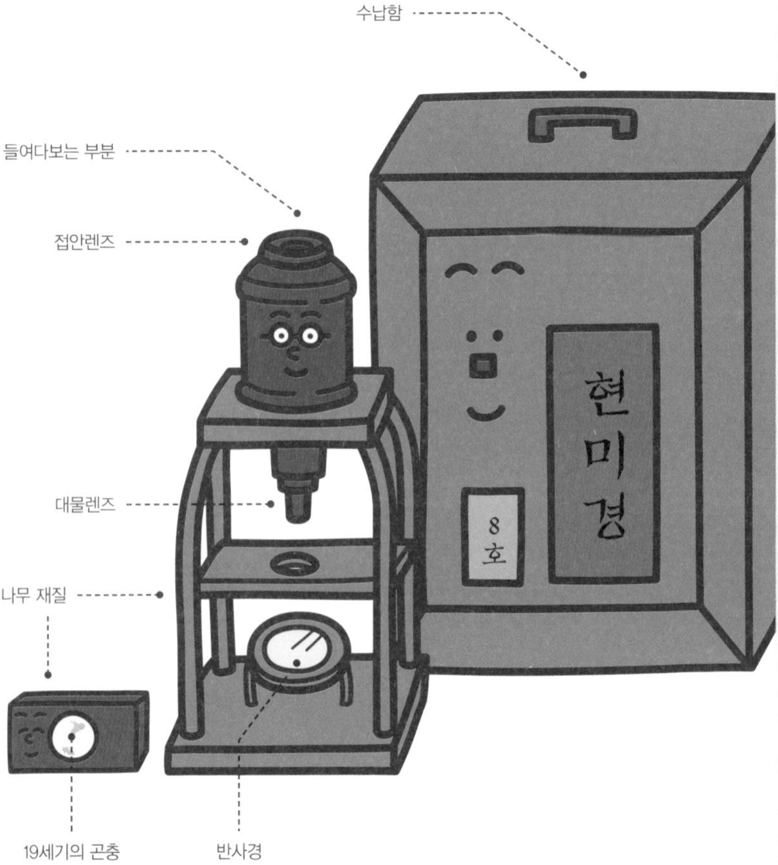

수납함

들여다보는 부분

접안렌즈

대물렌즈

나무 재질

현미경

8 호

19세기의 곤충

반사경

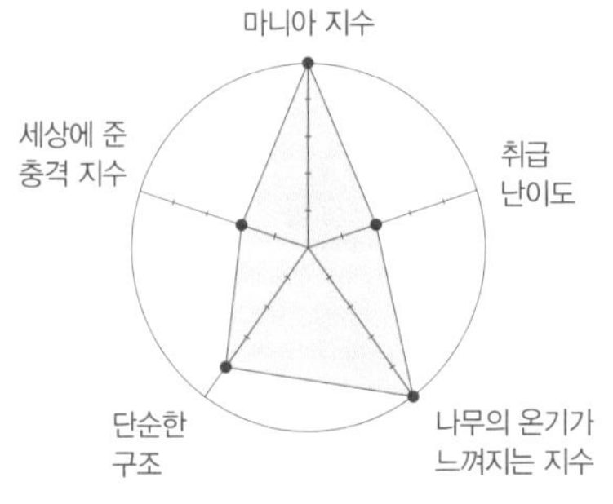

마니아 지수
세상에 준 충격 지수
취급 난이도
단순한 구조
나무의 온기가 느껴지는 지수

정식 명칭	현미경 8호
특기	확대해서 관찰하기
제조 연대	1837년

〈한 뼘 정보〉

제작자 마쓰다 도에이는 서양 의학을 받아들인 의사 스기타 류케이(1787~1846)의 문하생이었다.

M.KATERA 씨

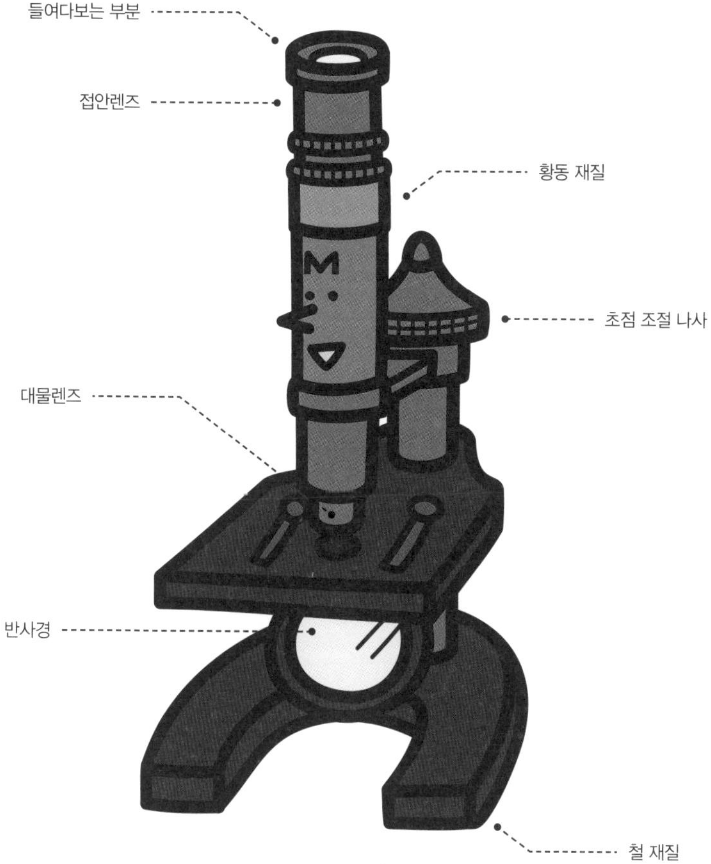

들여다보는 부분

접안렌즈

황동 재질

초점 조절 나사

대물렌즈

반사경

철 재질

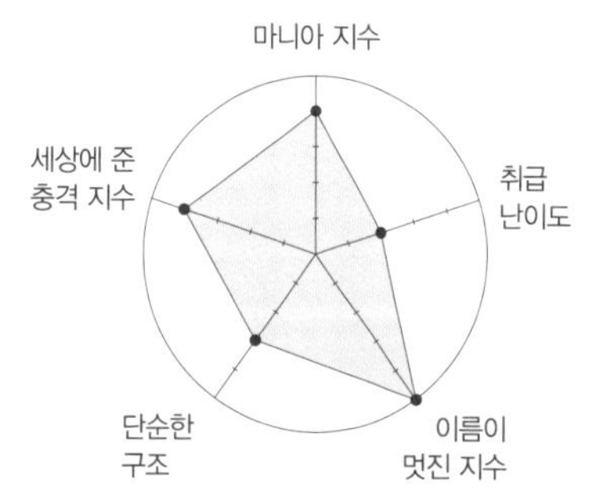

마니아 지수
세상에 준 충격 지수
취급 난이도
단순한 구조
이름이 멋진 지수

정식 명칭	광학현미경 M.KATERA Ⅳ형
특기	확대해서 관찰하기
제조 연대	1914년

〈한 뼘 정보〉

제작자들은 훗날 렌즈를 연구해서 상품을 만드는 기업에 입사하여 현미경 산업 발전에 기여했다.

우리 망원경도 있다고!

우리를 빼먹다니 요놈들!

갈릴레이 망원경 할아버지들 (1609년 제작)

갈릴레이 망원경 할아버지들

잠깐!

그러네~

이렇게 해놓으니까 현미경의 발전을 한눈에 볼 수 있네.

물론이죠! '과학의 아버지'라 불리는 분이시죠?

갈릴레오 갈릴레이 (1564~1642)

갈릴레이 씨에 대해서는 알고 있겠지?

끄덕

끄덕

이번은 봐 주마.

만약 갈릴레이 씨가 살아계셨으면 혼내셨을 거다

죄송해요.

1609년 이탈리아에 살고 있던 갈릴레이 씨는 어떤 소문을 들었단다.
솔깃
멀리 있는 물건이 가깝게 보이는 안경 같은 도구가 네덜란드에서 만들어졌대.
갈릴레이

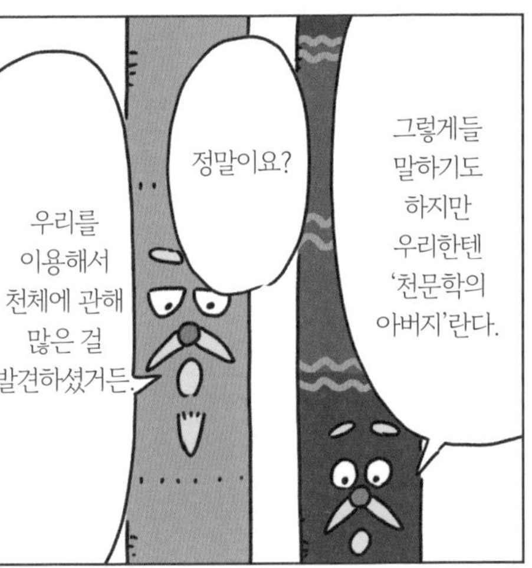
우리를 이용해서 천체에 관해 많은 걸 발견하셨거든.
정말이요?
그렇게들 말하기도 하지만 우리한텐 '천문학의 아버지'란다.

갈릴레이
씨는 역시
천재야!
놀라기엔
아직 일러.

그래서 갈릴레이 씨는 들은 이야기를 토대로 렌즈를 조합하여 한 달도 안 걸려서 우리의 기초가 된 망원경(배율 8배)을 만들어냈단다! 그것도 소문의 망원경보다 배율이 더 높은 것으로 말이야!
오목렌즈랑
볼록렌즈를…
어디 보자
완성!

그리고 갈릴레이 씨는 우리를 가지고 하늘을 바라보기 시작했단다.
뭐가 보일고?
쓱

갈릴레이 씨는 렌즈를 연마하는 방법으로 성능이 훨씬 뛰어난 망원경을 만들어냈는데 그게 바로 우리란다.

갈릴레이가 발견한 천체에 관한 것들

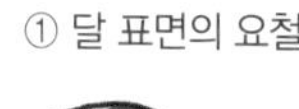

① 달 표면의 요철

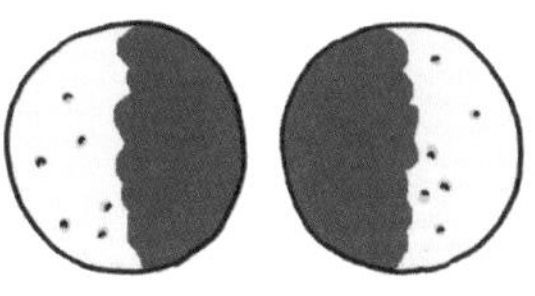

② 목성의 위성 4개

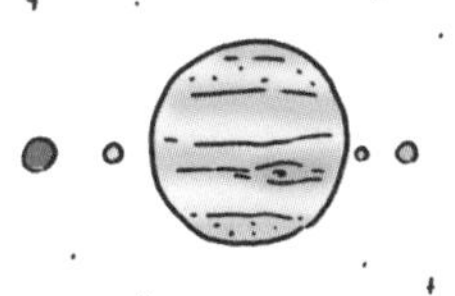

③ 금성의 위상 변화

④ 태양의 흑점

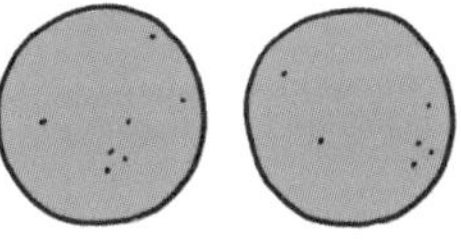

흑점의 위치가 이동한다.

그 결과 역사적인 발견을 쏟아냈지.

당시는 아직 천동설※을 믿던 시대여서 이런 발견은 사회에 굉장한 충격을 안겼지.

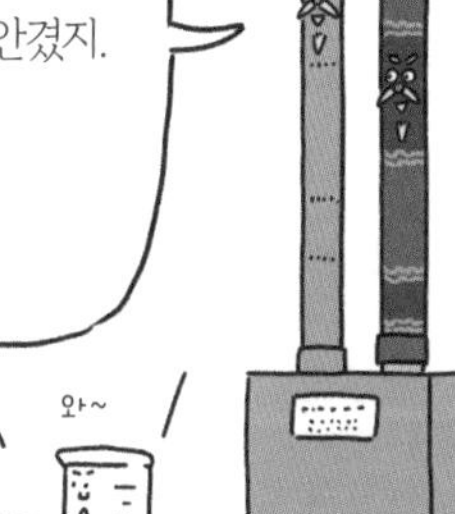
와~

※ 지구를 중심으로 다른 천체들이 돌고 있다는 설을 말한다

하지만
당시 절대적 세력이던
가톨릭교회에서
천동설을 지지하고
있었기 때문에
갈릴레이 씨는
재판을 받는 등
고초를 겪었지.
하지만
그런 중에도
신의 관찰결과를
끝까지 믿은
갈릴레이 씨는
역시 위대한
분이란다.

갈릴레이씨는 금성의 위상 변화를 보면서 지동설이 옳다는 것을 확신했어.
금성은 태양 주위를 돌기 때문에
위상 변화가 생긴다.
즉 금성은 지구 주위를 도는 것이
아니고 태양 주위를 도는 것이다.
천동설은 틀렸어!

다만 성능을 향상하기 어려워서 현재 갈릴레이식 망원경은 오페라글라스밖에 없다는 게 조금 아쉽지.

우리처럼 생긴 망원경을 갈릴레이식이라 부르는 것도 갈릴레이 씨의 위대한 업적이란다.

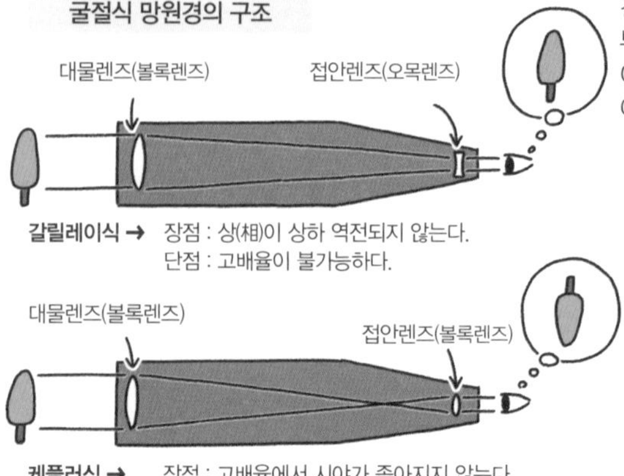
굴절식 망원경의 구조
대물렌즈(볼록렌즈)
접안렌즈(오목렌즈)
갈릴레이식 → 장점 : 상(相)이 상하 역전되지 않는다.
단점 : 고배율이 불가능하다.
대물렌즈(볼록렌즈)
접안렌즈(볼록렌즈)
케플러식 → 장점 : 고배율에서 시야가 좁아지지 않는다.
단점 : 상이 상하 역전된다.

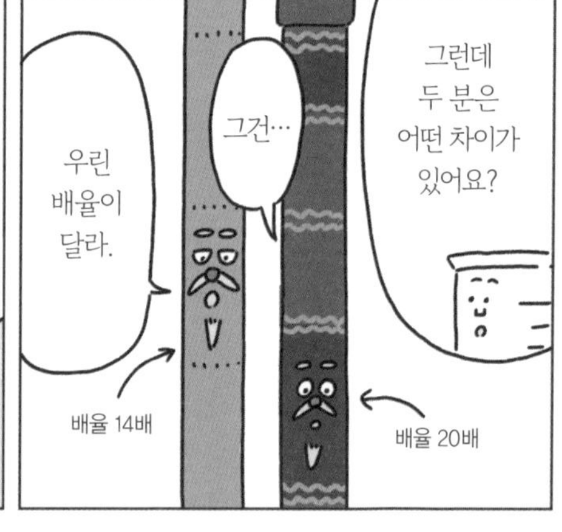
그런데
두 분은
어떤 차이가
있어요?
그건…
우린
배율이
달라.
배율 14배
배율 20배

그니까
내가 더
고수다,
이거야.
뭐라고?!
지금 나랑
싸워보겠다
는 거냐?
괜히
물어봤네.
신경
쓰지 말자.

갈릴레이 망원경 할아버지들

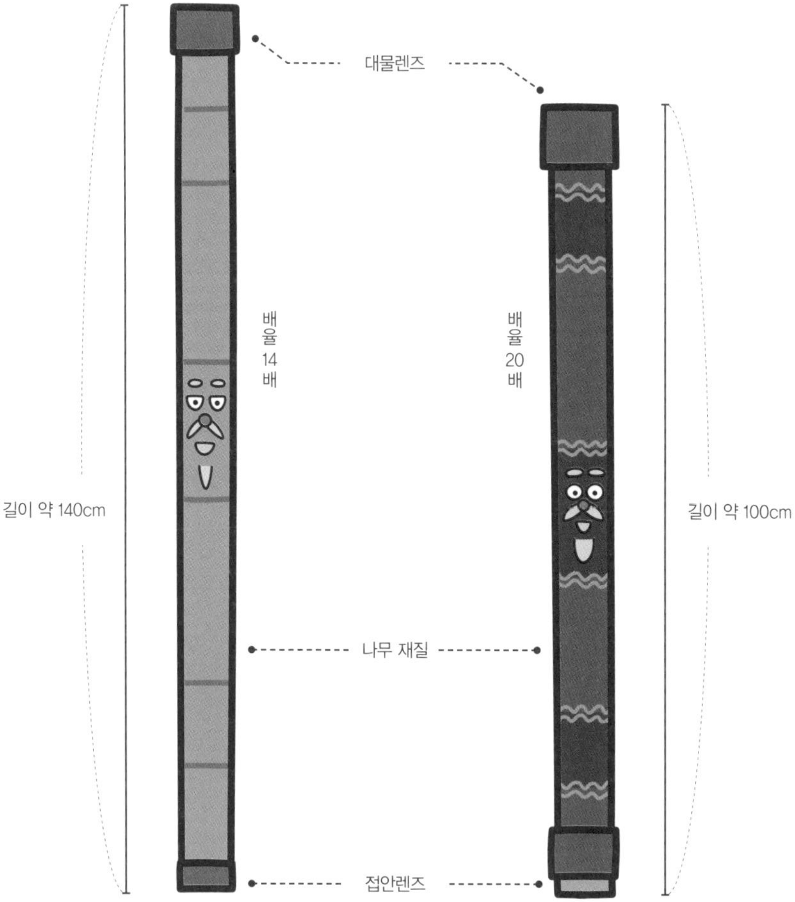

대물렌즈
배율 14배
배율 20배
길이 약 140cm
길이 약 100cm
나무 재질
접안렌즈

마니아 지수
취급 난이도
외모 꾸밈 지수(20배)
단순한 구조
세상에 준 충격 지수

정식 명칭	갈릴레이식 망원경
특기	천체 등을 관찰하기
제조 연대	17세기 전반

〈한 뼘 정보〉

갈릴레이는 제작한 망원경을 국가 통치자에게 선물하여 그 대가로 연구하기 편한 대우를 얻어냈다.

…
엄연한
사실이잖소!
배율이 쪼끔
더 높다고
잘난 척하기는!

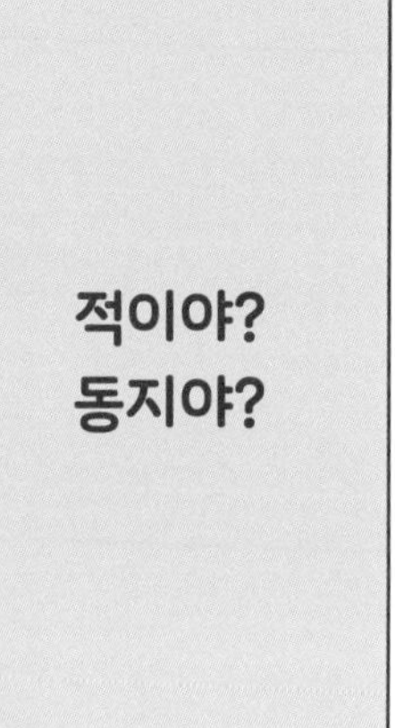
적이야?
동지야?

우리 잠깐
휴전합시다.
그럽시다.
600배,
놀랍죠?

배율은
저를 따라올
수가 없죠~
무려
600배
인데!

망원경과
현미경은 배율
계산법부터가
다르다고.
옳소!
옳소!
깨갱
뭉치면
정말 무섭네
그러게

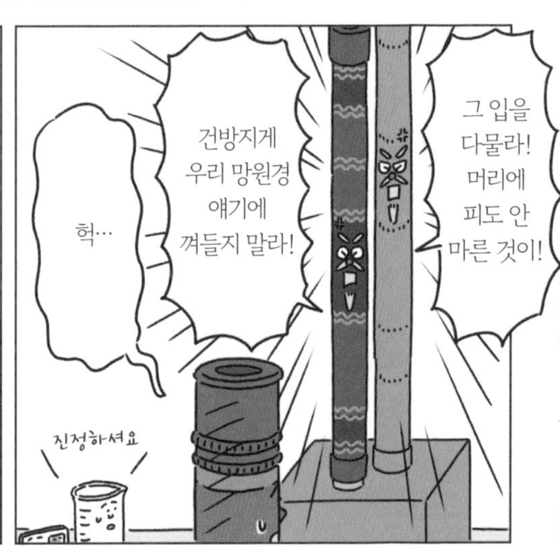
그 입을
다물라!
머리에
피도 안
마른 것이!
건방지게
우리 망원경
얘기에
껴들지 말라!
헉…
진정하셔요

역사에 길이 남은 다양한 망원경

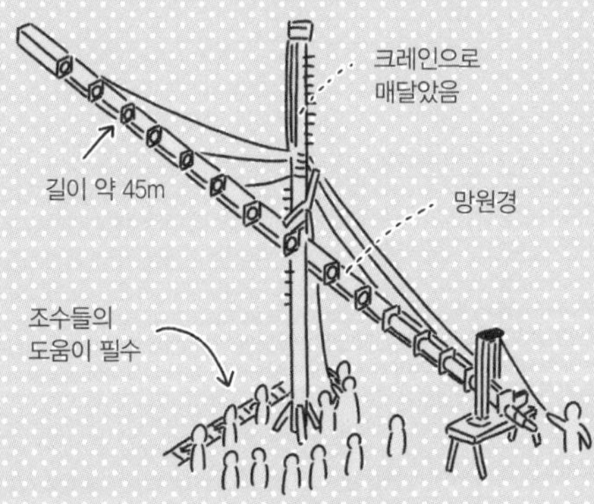

크레인으로
매달았음
길이 약 45m
망원경
조수들의
도움이 필수

헤벨리우스 대망원경

폴란드의 유명한 천문관측자 헤벨리우스(1611~1687)가 1670년경에 설치한 약 45m 길이의 망원경. 당시 주류를 이루던 굴절망원경의 단점(상이 흐려짐)을 보완하기 위해 길이를 늘렸다.

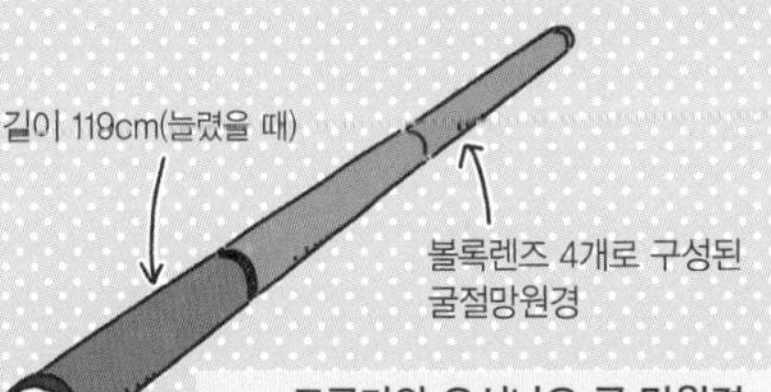

길이 119cm(늘렸을 때)
볼록렌즈 4개로 구성된
굴절망원경

도쿠가와 요시나오 공 망원경

일본에 현존하는 가장 오래된 망원경. 1650년 이전에 만들어져 일본에 건너온 것으로 추정되고, 도쿠가와 이에야스의 아들 도쿠가와 요시나오(1600~1650)의 유품이다.

길이 15cm
들여다보는
부분

뉴턴의 반사망원경

굴절망원경을 포기한 뉴턴이 1670년경에 다른 방식으로 제작한 망원경. 소형으로 만들 수 있다는 점이 큰 특징이다.

길이 35cm

구니토모 잇칸사이의 반사망원경

당시 일본을 통치하던 에도 막부에 총을 납품하는 대장장이였던 구니토모 잇칸사이(1778~1840)가 1836년에 제작했다. 당시 세계 최고 수준의 성능으로 알려져 있다.

그렇단다

망원경은
현미경과
같은 시기에
만들어졌구나.

01

선배들에 얽힌 추억 이야기

현미경이라고 하면 금속으로 만들어져 번쩍이는 기계를 많이들 떠올리실 텐데요. 레이우엔훅의 현미경은 나사 막대기가 붙어 있는 평범한 나뭇조각에 불과한데, 어렸을 때 과학관에서 복제품을 보고는 굉장히 실망했던 기억이 납니다. 이와는 반대로 도감에서 본 로버트 훅의 현미경은 여러 렌즈를 사용해 구조도 복잡하고 장식도 화려해서 더 훌륭한 현미경이라고 생각했습니다.

렌즈 하나만으로 구성된 레이우엔훅의 현미경은 초점거리를 아주 짧게 하여 고배율을 얻습니다. 돋보기와 비슷한 원리이기 때문에 전반적인 구조가 단순한 것은 어쩌면 당연합니다. 도대체 어떻게 보이는 건지 무척 궁금했는데 이런 방식의 현미경이 아직 시중에 나와 있지 않던 때여서(지금은 있음) 접해볼 기회가 없었습니다. 시간이 많이 지나고 나서 선배로부터 유리막대로 쉽게 만들 수 있다는 이야기를 듣고 곧바로 만들어봤죠. 완성된 현미경을 들여다보고는 정말 깜짝 놀랐습니다. 굉장히 불편했거든요(씁쓸). 렌즈가 작아 들여다보기 힘들뿐더러 눈을 렌즈에 딱 붙이지 않으면 정말 아무것도 안 보여서요. 이런 렌즈로 수많은 발견을 해낸 레이우엔훅은 근성과 인내가 대단한 사람이었겠다 싶었죠.

그런데 잘 만들기만 하면 '이게 유리구슬 맞아?' 할 만큼 너무너무 잘 보입니다. 고가의 현미경 저리 가라 할 정도입니다. 현미경을 제작하는 과정을 포함해서 재미와 즐거움을 안겨줍니다. 이렇게 저는 레이우엔훅 현미경의 광팬이 되어서 적어도 50개는 만들었습니다.

기록에 따르면 레이우엔훅도 현미경 관찰이 너무 재미있어서 계속할 수 있었다고 합니다. 훗날 왕립학회에 초빙되었는데 그를 추천한 이는 바로 로버트 훅이었습니다. 레이우엔훅의 순수한 과학적 호기심에 훅이 감동했기 때문이 아닐까 싶습니다. 동시대의 현미경 마니아이자 과학자로서 서로 존경했다고 하네요. 두 사람의 업적은 그 후 과학의 기초가 되었습니다. 도구의 우열은 중요하지 않습니다. 중요한 것은 과학과 관찰을 사랑하고 즐기는 마음이겠죠.

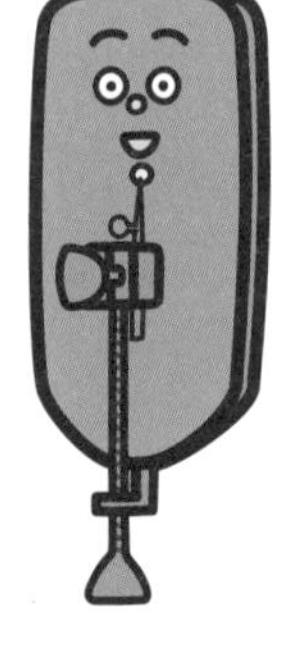

CHAPTER 2

측정하는 선배들

측정하는 선배들

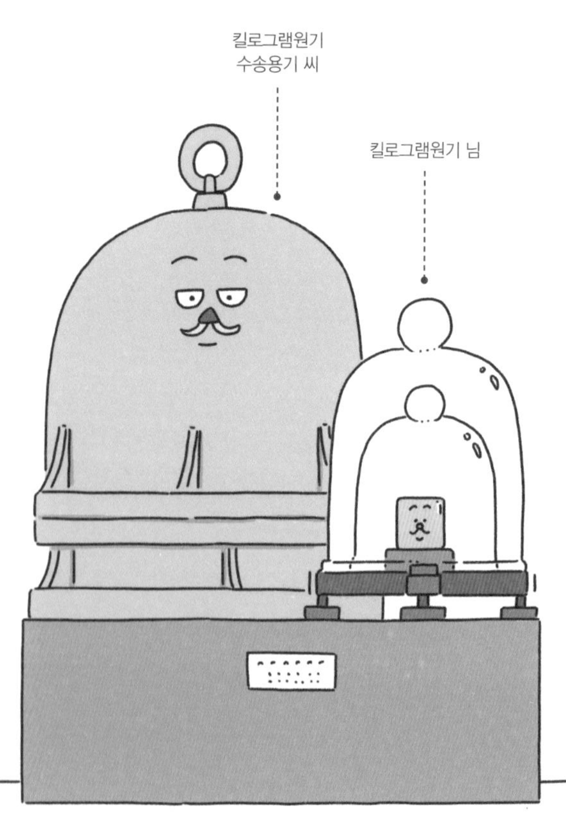
킬로그램원기
수송용기 씨
킬로그램원기 님

다음은 여기다.
kg m
mol
측정하는 기구들

와, 시끌벅적 하네.

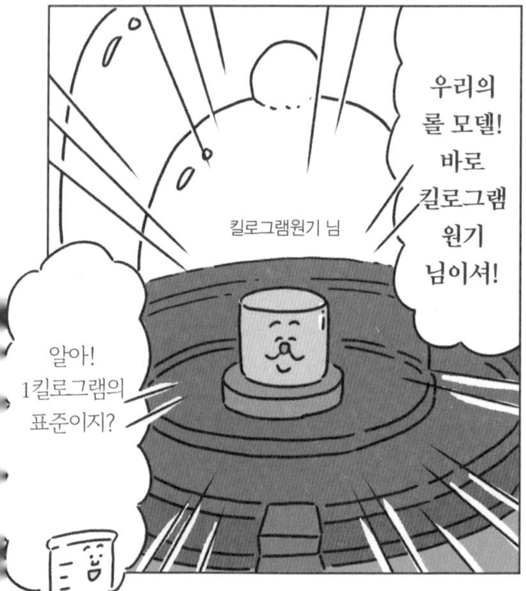
우리의 롤 모델! 바로 킬로그램 원기 님이셔!
킬로그램원기 님
알아! 1킬로그램의 표준이지?

안녕, 비커 군.
분동 삼형제가 있으니 무게와 관련 있는 선배인가 봐.

여기 계신 선배들은 보통 분들이 아니야.
5g

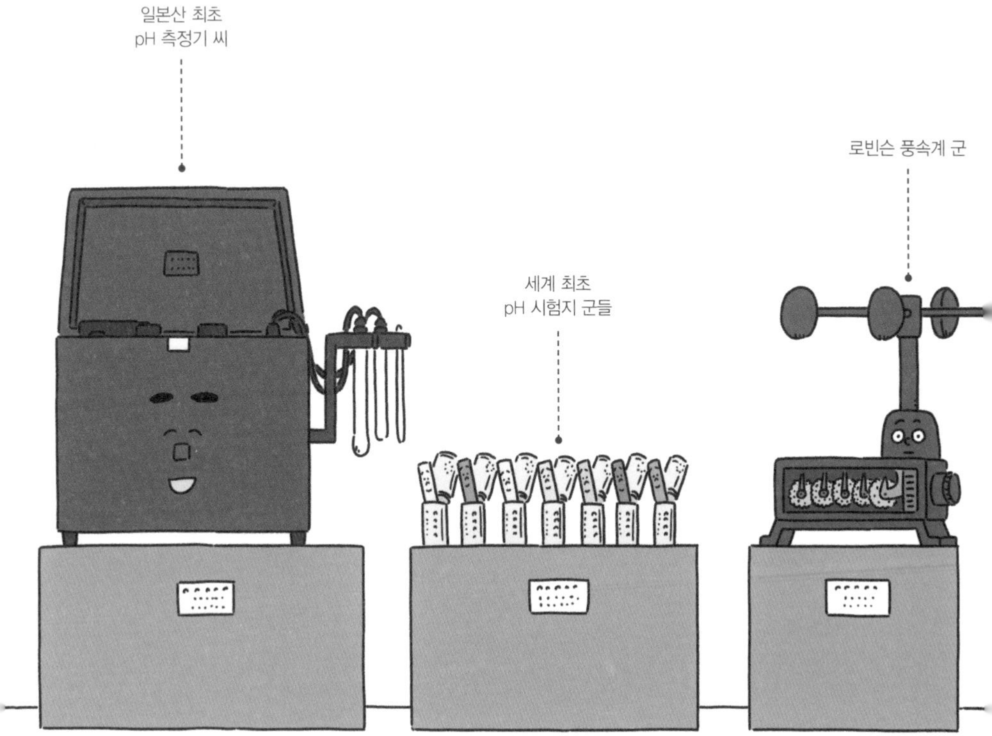

일본산 최초
pH 측정기 씨

세계 최초
pH 시험지 군들

로빈슨 풍속계 군

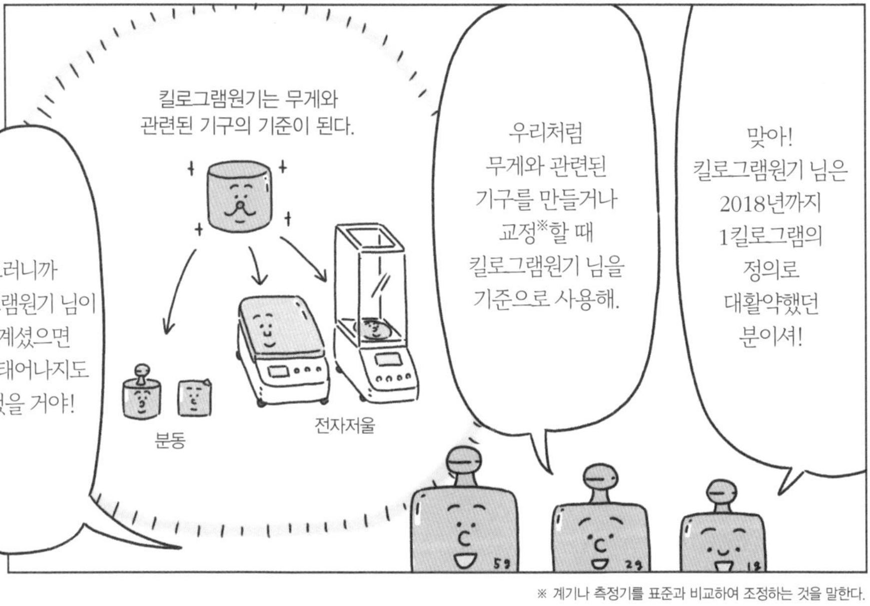

킬로그램원기는 무게와
관련된 기구의 기준이 된다.

분동

전자저울

우리처럼
무게와 관련된
기구를 만들거나
교정※할 때
킬로그램원기 님을
기준으로 사용해.

맞아!
킬로그램원기 님은
2018년까지
1킬로그램의
정의로
대활약했던
분이셔!

그러니까
킬로그램원기 님이
안 계셨으면
우린 태어나지도
못했을 거야!

※ 계기나 측정기를 표준과 비교하여 조정하는 것을 말한다.

하하하.
근데 2018년에
정의가 바뀌어서
지금은 은퇴했어.
그래도
단하세요!

말하자면
킬로그램원기 님은
우리 세계의
킹 오브 킹!
맞아!

킬로그램원기가 탄생하기까지의 과정

18세기 말 프랑스에서 미터법이 제정

1875년 미터 조약 체결

1885년 일본이 미터 조약에 가맹
1959년 한국이 미터 조약에 가맹(옮긴이)

1889년 국제킬로그램원기의 질량을 1킬로그램의 정의로 지정

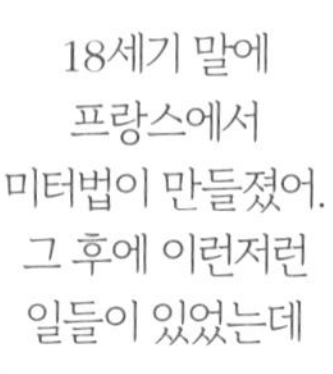
18세기 말에
프랑스에서
미터법이 만들졌어.
그 후에 이런저런
일들이 있었는데

너무 일을
오래 해서
많이 피곤했거든.
이제 좀
쉴 수 있어서
좋아.
130년은
좀 길었죠.
130년
이요?!

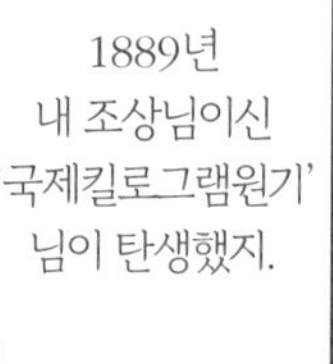
1889년
내 조상님이신
'국제킬로그램원기'
님이 탄생했지.

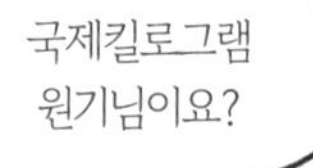
국제킬로그램
원기님이요?

1889년에 기준이 되었으니
약 130년 동안 일했지.

한국은 1894년 고종이 들여와 1905년 대한제국 법률로 미터법이 적용되었고, 1959년 미터 조약에 가맹했다(옮긴이).

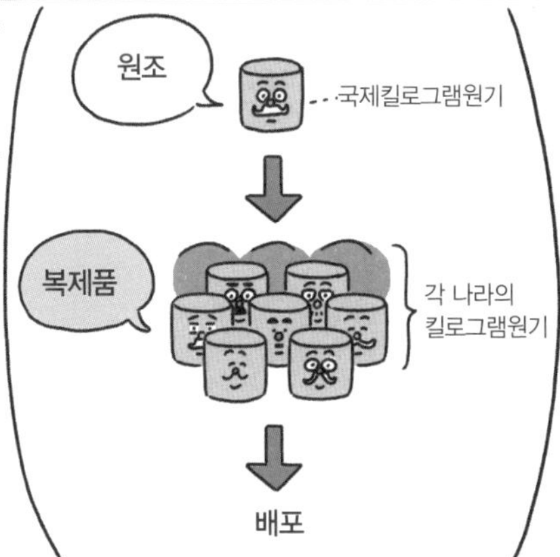

원조
국제킬로그램원기
복제품
각 나라의 킬로그램원기
배포

정확하게 말해서 나는 국제킬로그램원기를 토대로 만든 복제품 중 하나인 일본국킬로그램원기야. 복제품은 미터 조약 가맹국으로 배포하기 위해 제작되었고, 나는 1890년에 일본으로 건너왔지.

엄청 튼튼해 보여요.
그럼!
특별설계로 주문 제작되었지.

두둥
당시는 배로 수송되었는데 그때 활약한 것이
바로 나야.

30년마다 프랑스로 가서 검사받을 때도 같이 갔었지.
하하하
그때 참 좋았지.
130년 동안 정말 고생하셨습니다~!

만에 하나 배가 침몰해도 내용물에 지장이 없게 밀폐성과 내압성이 뛰어나도록 제작되었거든.
내가 지켜줄게

킬로그램원기 님과 수송용기 씨

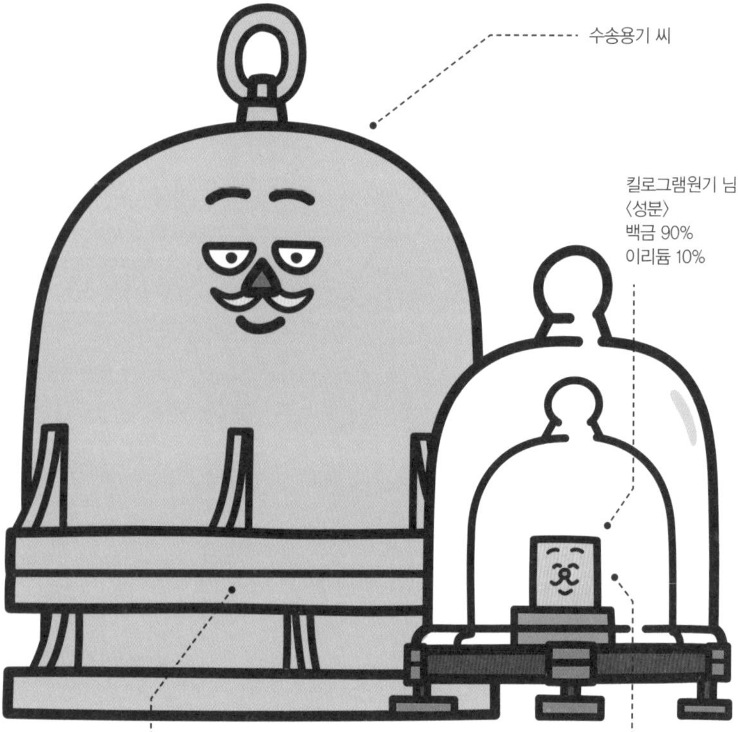

수송용기 씨

킬로그램원기 님
〈성분〉
백금 90%
이리듐 10%

뛰어난 밀폐성 · 내압성

지름 · 높이
약 39mm

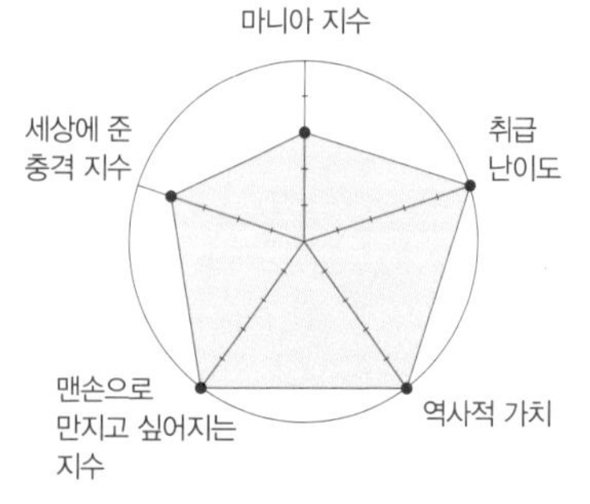
마니아 지수
취급
난이도
역사적 가치
맨손으로
만지고 싶어지는
지수
세상에 준
충격 지수

정식 명칭	킬로그램원기
특기	질량의 기준 되기
제조 연대	1889년

〈한 뼘 정보〉

일본에서는 항상 20℃ 습도 0%의 상태로 만일의 침수에 대비하여 높이 75cm의 받침대 위에 올려놓은 상태로 금고 안에 보관했다.

조언
나도 이젠 킬로그램의 기준이 아니어서 그냥 평범한 분동이 되었는데
지금까지 엄중한 경호만 받고 살아와서 세상 물정을 잘 몰라.
그래서 분동으로 살아가는 마음가짐이 있다면 한 수 가르쳐 주게나.
마음가짐? 그런 게 있어?
네! 얼마든지요!
있구나
윗접시저울에 올라탈 땐 정중앙으로 올라타세요.
끄덕 끄덕
핀셋 군과 친하게 지내세요.
. . .
아하
그리고 제일 중요한 건
무게가 바뀔 수 있으니까 절대 구르면 안 돼요!
떼굴떼굴
떼굴 떼굴
설마 킬로그램 원기 님이 그러실 리가.
구르면 안 된다고?
꼭 한번 해보고 싶었는데.
대반전~

백엽상 형님
어이 괜찮아?
앞을 보고 다녀야지, 안 다쳤어?

응?
쾅
아야!

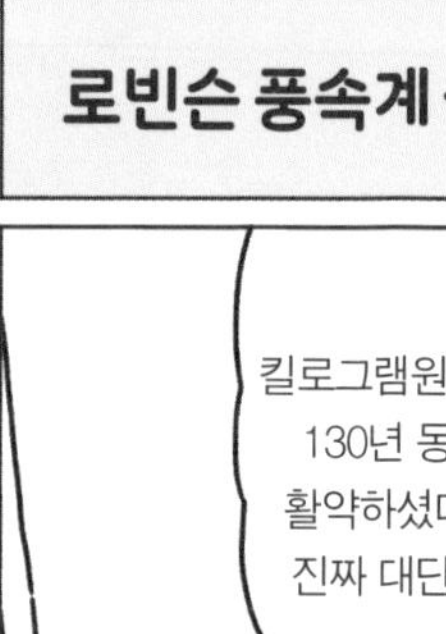
로빈슨 풍속계 군
킬로그램원기 님 130년 동안 활약하셨다니 진짜 대단해.

로빈슨 풍속계 군
(1876~)
반가워!
소개할게. 이쪽은 로빈슨 풍속계 군이야.

백엽상 형님이 있다는 건 이번엔 날씨와 관련된 선배들?
으으, 죄송해요.

선배라기보단 오랜 동료야.
동료?

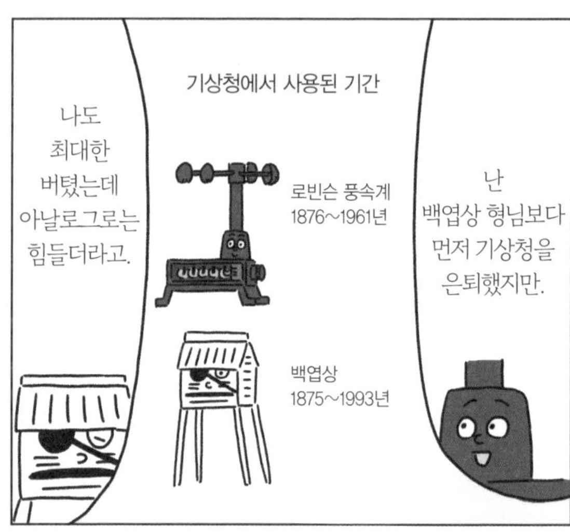
나도 최대한 버텼는데 아날로그로는 힘들더라고.
기상청에서 사용된 기간
로빈슨 풍속계
1876~1961년
백엽상
1875~1993년
난 백엽상 형님보다 먼저 기상청을 은퇴했지만.

그랬지.
우린 예전에 기상청에서 같이 일했어.
그래요~?

톱니
바퀴?
그렇지 뭘
나 같은
톱니바퀴
식으로는
감당하기
힘들지.

그랬을 거야.
풍속계도 지금은
완전 디지털이고
풍차형이 대세니까.
현재 주로 쓰이는 풍속계
풍향도
알 수 있어!
풍차형 풍향풍속계

바람의
움직임에
따라
밑의
톱니바퀴가
회전해.
그러면 바람으로
얼마나
움직였는지
거리를
알아낼 수 있어.

그 시절엔
센서
같은 게
없었으니까.
휘익
빙글 빙글
빙글 빙글
이렇게
바람이 불면
윗부분이
돌기
시작하면서

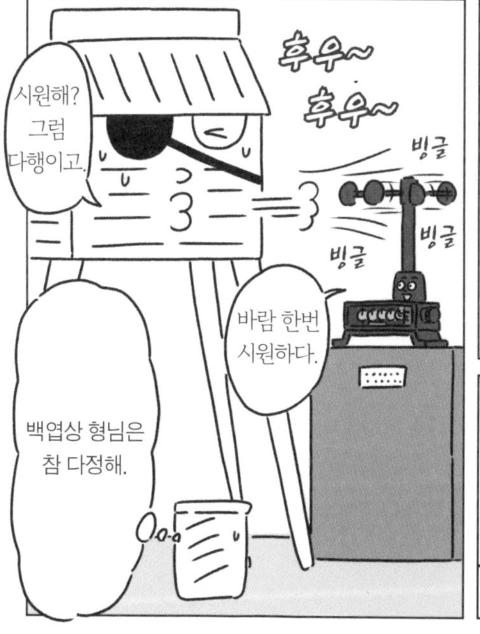
후우~
후우~
빙글
빙글
빙글
시원해?
그럼
다행이고.
바람 한번
시원하다.
백엽상 형님은
참 다정해.

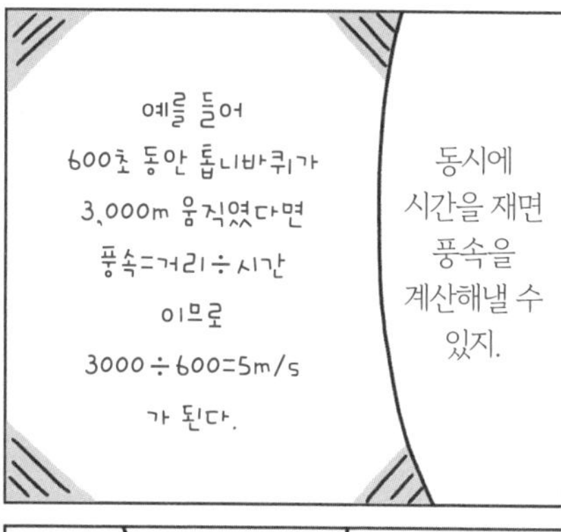
동시에
시간을 재면
풍속을
계산해낼 수
있지.
예를 들어
600초 동안 톱니바퀴가
3,000m 움직였다면
풍속=거리÷시간
이므로
3000÷600=5m/s
가 된다.

아하!
톱니바퀴로
거리를
알아내다니
재밌네.
그죠?
백엽상
형님.
획

로빈슨 풍속계 군

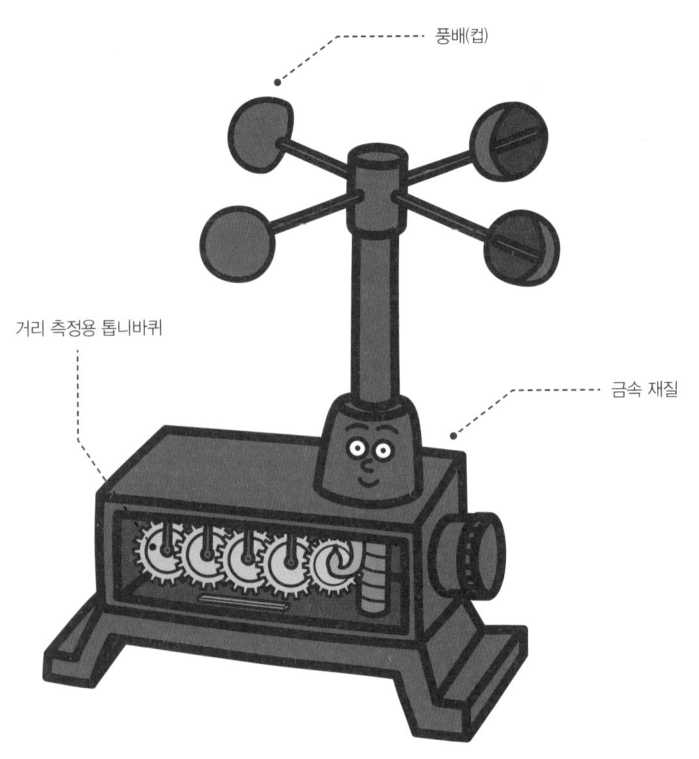
풍배(컵)
거리 측정용 톱니바퀴
금속 재질

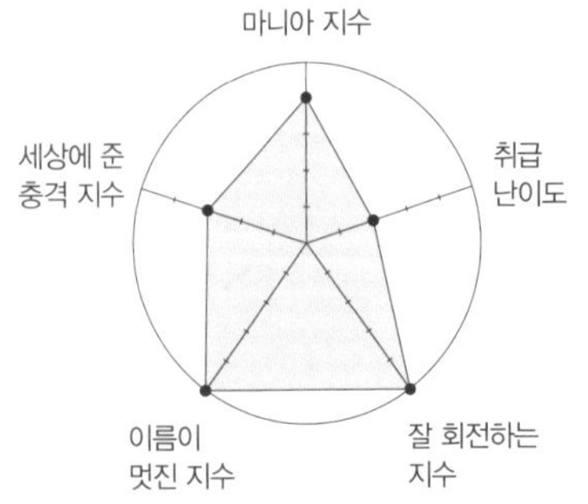
마니아 지수
취급 난이도
잘 회전하는 지수
이름이 멋진 지수
세상에 준 충격 지수

정식 명칭	로빈슨 풍속계(풍배형 풍속계)
특기	풍속 측정하기
제조 연대	19세기 후반

〈한 뼘 정보〉

일본 기상청의 경우, 로빈슨 풍속계를 모티브로 자신들의 로고를 만들어 사용했었다.

그 밖의 선배들

기상 관측에서 활약했던 기구들

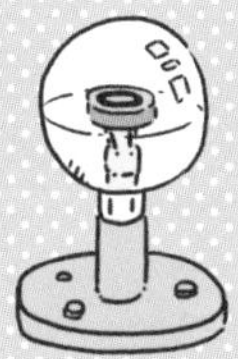

전천일사계

태양광 에너지를 '일사'라고 하며, 유리구 내부 흑백 부분의 온도 차로 전압이 발생하면서 그 데이터를 기록한다. 1957년 일본 국산화에 성공했다.

모발자기습도계

습도 변화에 따라 모발이 신축하는 현상을 이용한 습도계. 안에 설치된 드럼 기록지가 태엽으로 회전하면서 데이터가 기록된다. 일본 기상청에서는 1915~1980년까지 활약했다.

증발계

물을 일정량 넣어서 줄어든 양을 측정하여 증발량을 조사한다. 새가 날아와서 안의 물을 마시지 않게 금속망으로 둘레를 둘렀다. 일본 기상청에서는 1965년경까지 활약했다.

간단미동계

두 수평진자의 움직임으로 진동을 감지하는 기구. 구조가 간단하고 비교적 저렴한 지진계. 지진이 일어나면 진자의 움직임과 연동된 바늘이 커다란 드럼 기록지 위를 움직이면서 진동이 기록된다. 1940년대 일본 기상청에서 활약했다.

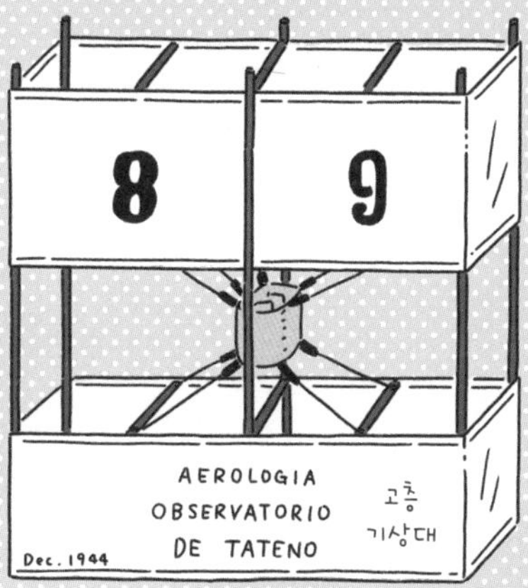
8
9
AEROLOGIA
OBSERVATORIO
DE TATENO
고층
기상대
Dec. 1944

연

상공의 기상 상태를 조사하는 데 쓰였다. 자기기압계와 온도계, 풍속계 등을 싣고 3,000m 상공까지 띄워졌다. 일본 기상청에서 1922~1946년까지 활약했다.

도요로시라는 회사에서 1931년에 태어났어~
일본에서 태어난 세계 최초 pH 시험지 선배님입니다~!
뿅 뿅 뿅 뿅 뿅 뿅 뿅 뿅

세계 최초 pH 시험지 군들

너희가 여기 있다는 건, 이번엔 pH와 관련된 선배들이야?
딩동댕!
끄덕 끄덕
탁상형 pH 측정기 군과 전극 군
pH 시험지 군

요즘 거
옛날 거
그건
요즘 거랑 모양이 많이 다르네.
근데 잠깐만.

세계 최초라고?

우린 세계 최초 pH 시험지인데 스틱형이면서 좁은 범위를 자세히 측정하는 타입이야.
들었지?
측정하는 pH 범위가 서로 달라서 7개가 한 묶음으로 판매되었어.
TOYO pH TEST PAPER
그랬구나~

pH 시험지 종류

모양

롤형　　스틱형

측정 범위

넓은 범위를 간략하게 측정하는 방식　　좁은 범위를 정밀하게 측정하는 방식

pH 시험지에는 종류가 많아서 모양이나 pH 측정범위에 따라 분류할 수 있어.

참고로 나는 넓은 범위를 간략하게 측정하는 방식이야.※

그렇구나~

※ 좁은 범위를 정밀하게 측정하는 롤형도 있다.

지금이랑
거의 똑같은 걸
1930년대에
만들었다니
놀랍다!
이미
완성형이었다는
거지.
그러네!

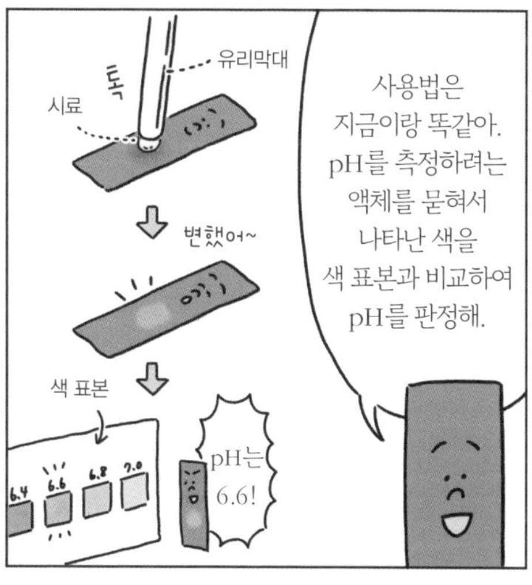
사용법은
지금이랑 똑같아.
pH를 측정하려는
액체를 묻혀서
나타난 색을
색 표본과 비교하여
pH를 판정해.
유리막대
톡
시료
변했어~
색 표본
6.4
6.6
6.8
7.0
pH는
6.6!

하지만 산업계에서 우리의 편리성을 알아
봐주면서 점차 널리 퍼지게 되었어.
pH 조절이
너무 쉬워!
금속도금
가공업자
오~
품질 점검에
쓸 수 있겠어!
술 제조업자
간장 제조업자

하지만
처음엔
많이
고생했어.
맞아.
우리가 태어난
당시에는
사람들이
pH를 잘
몰랐거든.
어떤 사람들은 이런
종이쪼가리를 어떻게
믿냐고 구박했지.
난 인정
못 해!
기억난다~
응응~
그랬었지~
슬픈 과거가
있었구나.

지금은
학교 실험에도
쓰일 만큼 pH도
pH 시험지도 너무
당연해졌지.
pH가
대중에
알려진 건
바로 우리 공이
크다고~ 에헴!
미안해요~
종이쪼가리라고
얕본 사람도 미래에
이렇게 될 줄은
몰랐겠죠.
고맙습니다
하하하,
아마
그랬을
거야.

세계 최초 pH 시험지 군들

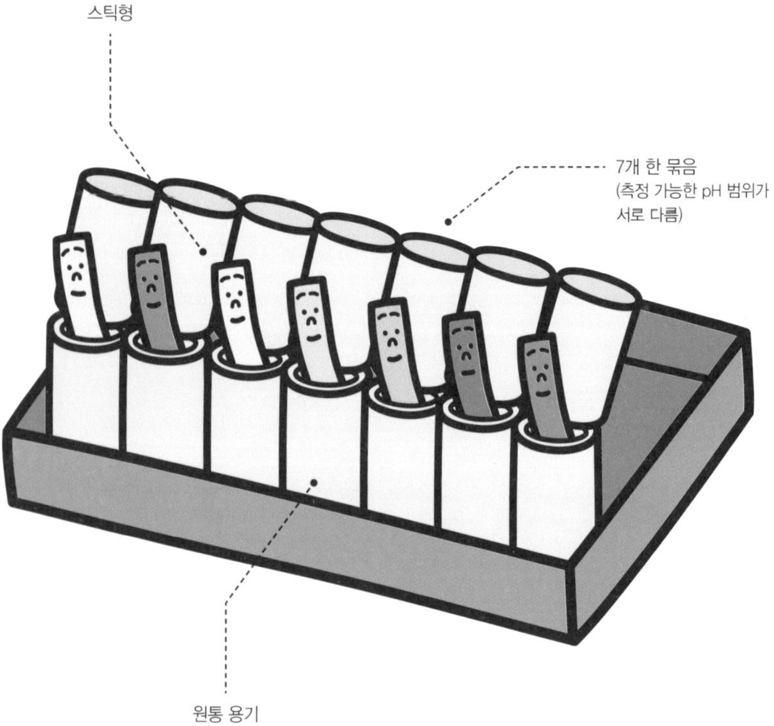

스틱형

7개 한 묶음
(측정 가능한 pH 범위가
서로 다름)

원통 용기

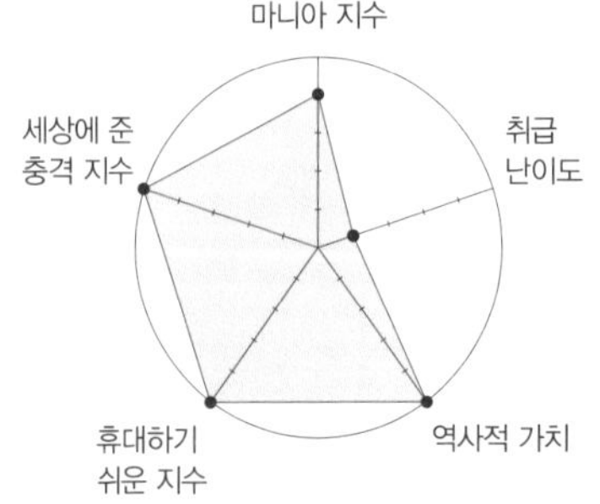
마니아 지수
취급
난이도
역사적 가치
휴대하기
쉬운 지수
세상에 준
충격 지수

정식 명칭	pH 시험지
특기	pH를 간편하게 측정하기
제조 연대	1931년

〈한 뼘 정보〉

발매 초기에는 pH 시험지가 아니라 수소이온농도 시험지라고 불렸다.

그러던 중에
획기적인
기계가
탄생했어.
1951년생이야~
일본산 최초
pH 측정기 씨

일본산 최초
pH 측정기 씨

우린 간편하게
pH를 측정할 순
있지만, 자세한
수치는 알 수 없어.
색 표본을 보면서
5.2나 5.4처럼
0.2 단위로밖에
판정할 수 없거든.

자네가
지금의 pH
측정기로군.
만나서
반갑네.
네! 저야말로
일본산 제1호이신
pH 측정기 씨를
뵈어서 영광입니다!

아이고
휘익

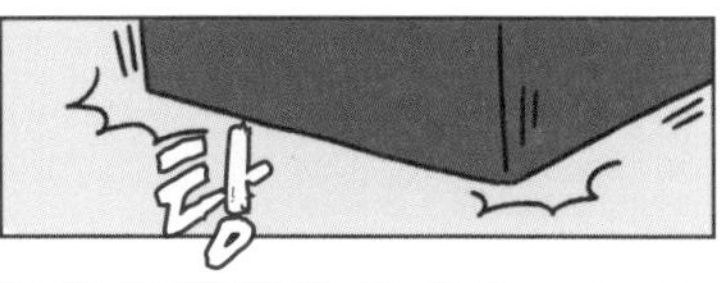
쾅

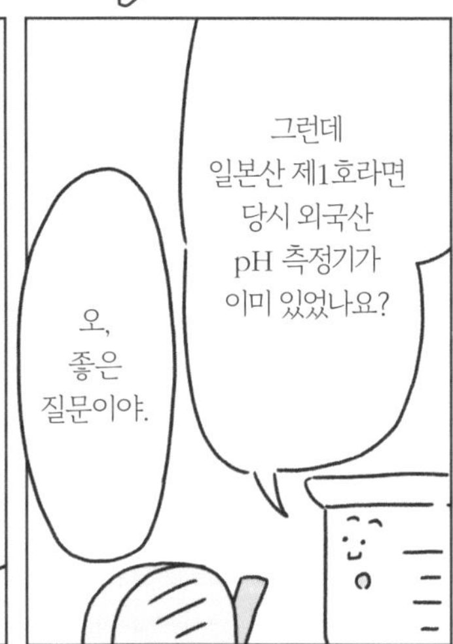
그런데
일본산 제1호라면
당시 외국산
pH 측정기가
이미 있었나요?
오,
좋은
질문이야.

세계 최초
pH 측정기는
1930년대 후반에
미국에서
제작되어서
수입하고 있었지.
세계 최초 pH 측정기
베크만 pH 측정기
하지만
습한
날씨 탓에
기계가
자주 고장이
나곤 했어.

1945년 제2차 세계대전이 끝난 직후 호리바 씨는 대학생 신분으로 호리바 무선연구소※를 창업했지.
전쟁으로 대학의 원자핵 연구설비가 파괴되었으니
내가 하고 싶은 연구는 내 힘으로 할 수밖에!
짤그랑
짤그랑

※ 호리바 제작소의 전신.

이때 나를 만든 호리바 씨가 등장하지.
호리바 제작소라는 회사를 창업하신 분이야.
호리바 마사오
(1924~2015)

그러니까 처음엔 연구용으로 사용하기 위해 만들었던 거야.

삐
삐
삐
측정 중

그러다 1950년 즈음 전자부품을 개발 중이던 호리바 씨는 개발 과정에서 pH를 측정할 일이 생겨서 pH 측정기를 직접 제작했어.
외국산은 비싸고 금방 고장 나서 내가 직접 만들었어!
오! 덕분에 연구가 쉬워졌어.

1950년에 한국전쟁이 일어나자 경제가 불안정해지면서 원자재 가격이 폭등했어. 그러자 공장 건설 계획이 무산되고 빚더미에 앉게 되었어.
젠장
으윽
탕

그렇게 전자부품 개발도 순조롭게 진행되고 공장 건설을 앞두고 있던 차에 사고가 터져버렸지.
꿀꺽

이건 적은 비용으로도 만들 수 있어!
찾았다! pH 측정기야!
측정 중
해결책을 생각해내야 해.
이대로는 안 돼.
적은 설비투자로도 팔릴 만한 게 뭘까?
두리번
두리번
이 pH 측정기는 대단한걸!
고장도 안 나!
습기에도 강하고 튼튼해!
내놓자마자 대박이 났지!
그러게요! 100년 뒤엔 더 작아질까요?
그런데 크기가 이렇게 반으로 줄어들 줄은 상상도 못했어.
더욱 작게
pH 측정기가 회사를 구했다니 자랑스럽네요!
이렇게 경영 위기를 넘기면서 회사도 성장하고, pH 측정기도 진화를 거듭해나갔지.

일본산 최초 pH 측정기 씨

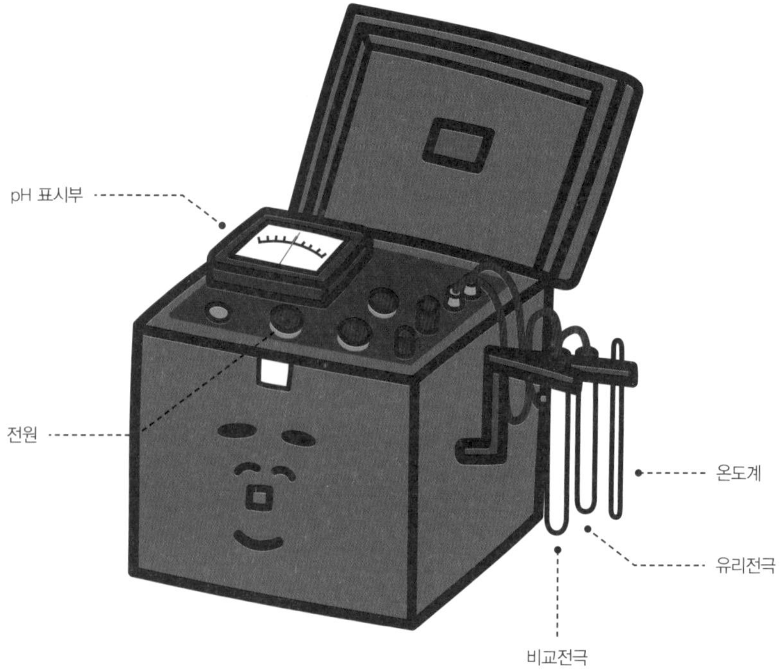

pH 표시부

전원

온도계

유리전극

비교전극

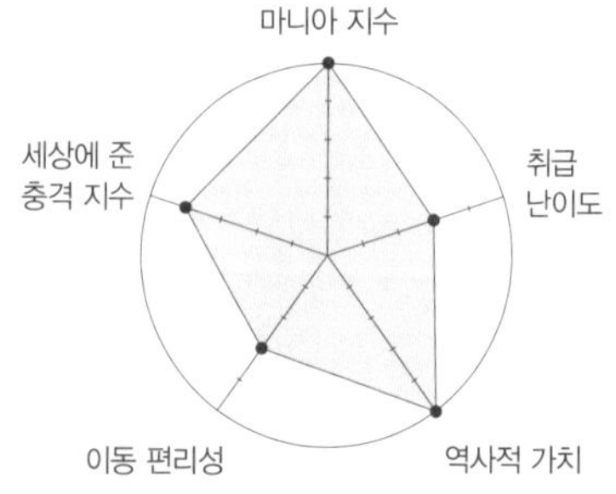
마니아 지수
취급 난이도
역사적 가치
이동 편리성
세상에 준 충격 지수

정식 명칭	pH계 H형
특기	pH를 자세한 수치로 측정하기
제조 연대	1951년

〈한 뼘 정보〉

본체 뒤쪽에는 전극을 수납할 수 있는 공간이 있으며 작은 문이 달려 있다.

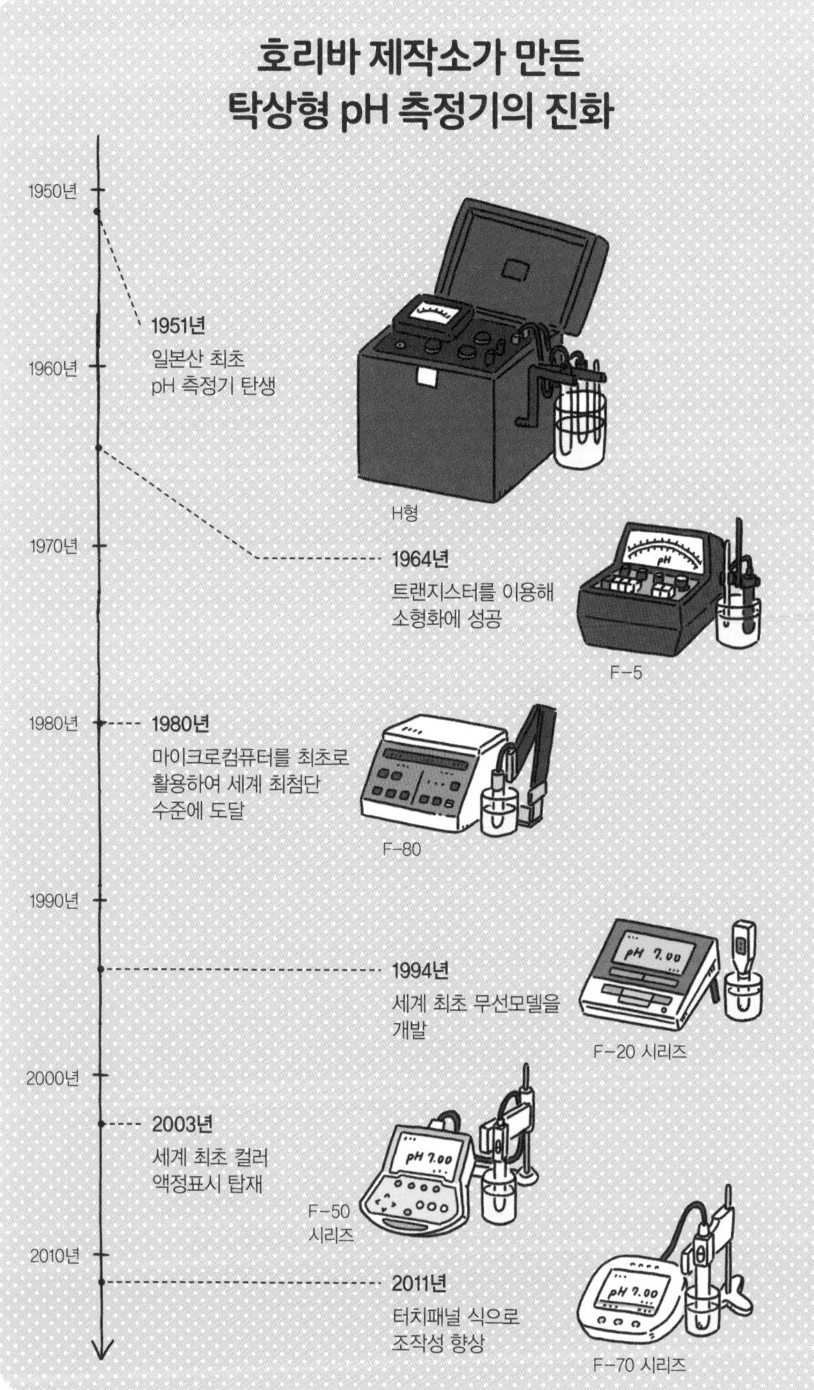
호리바 제작소가 만든
탁상형 pH 측정기의 진화
1950년
1951년
일본산 최초
pH 측정기 탄생
1960년
H형
1970년
1964년
트랜지스터를 이용해
소형화에 성공
F-5
1980년
1980년
마이크로컴퓨터를 최초로
활용하여 세계 최첨단
수준에 도달
F-80
1990년
1994년
세계 최초 무선모델을
개발
F-20 시리즈
2000년
2003년
세계 최초 컬러
액정표시 탑재
F-50
시리즈
2010년
2011년
터치패널 식으로
조작성 향상
F-70 시리즈

02

선배들에 얽힌 추억 이야기

지금은 기상관측 시스템이 모두 자동기상관측기로 바뀌었지만, 예전엔 학교나 공공시설의 공터 한구석에 기상관측장이 있었습니다. 지면의 햇빛 반사를 막기 위해 빽빽이 심은 잔디밭에 우뚝 서 있는 하얀 백엽상은 참 멋있었지요. 겹비늘 창살을 조심스레 열면 그 안에는 최고·최저 온도계, 아네로이드 기압계, 건습구 습도계 등등 과학 소년의 마음을 사로잡는 '측정하는 선배들'이 나란히 앉아 있었지요. 게다가 옆의 기둥 위에서 바람을 맞으며 부드럽게 빙그르르 돌고 있는 로빈슨 풍속계의 멋진 자태는 특별했습니다.

눈에 보이지 않는 바람을 계측하기란 매우 어려워요. 그래서 '측정하는 선배들'이 등장하여 다양한 시도를 해나갑니다. 초기에는 매달아놓은 판이 바람을 받을 때 기울어지는 각도로 바람을 측정하는 풍압계가 나왔는데, 이는 앞에서 등장한 로버트 훅이 고안한 것입니다. 그 뒤 파이프 한쪽 끝을 바람 위로 향하게 하여 압력을 측정하는 다인스 풍압계, 프로펠러 회전수로 측정하는 비행기형 풍속계, 작은 환풍기같이 생긴 비람 풍속계 등등 수많은 풍속계가 탄생했죠. 겨울에 유난히 추운 지역에서는 가동장치가 얼어서 풍속계를 사용하지 못하므로 세워둔 막대가 바람으로 휘는 양을 계측하는 장치를 만들었다고 합니다. 지금은 공기 중의 초음파 속도를 측정하거나(공기유량으로 변화) 가열한 물체가 바람으로 냉각되는 정도를 계측하는 풍속계도 개발되었습니다. 바람을 측정하는 과제에 끊임없이 도전하는 과학자들의 무한한 상상력이 돋보이는 발명품들이라 할 수 있지요.

그 가운데에서도 여러 개의 컵(풍배)이 바람을 받아 회전하는 로빈슨 풍속계는 19세기 중반에 발명된 이래 기상관측의 대표주자로 활약해왔습니다. 더 이상 사용하지 않게 된 지금도 선박이나 공항, 고층빌딩 등에서 간혹 보입니다. 앞에서 설명했던 바와 같이 풍배의 회전수가 톱니바퀴에 의해 표시되는 눈금을 읽고 풍속을 계산합니다(멍하니 보고 있으면 놓치기 쉬움). 물론 최신의 로빈슨 풍속계는 전기적으로 회전수를 계측하여 풍속을 자동기록할 수 있습니다(멍하니 보고 있어도 문제없음).

CHAPTER 3

계산하는 선배들

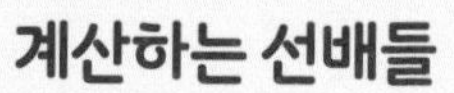
계산하는 선배들

계산기
다음은 이 방이야.
어떤 선배들이 계실까?

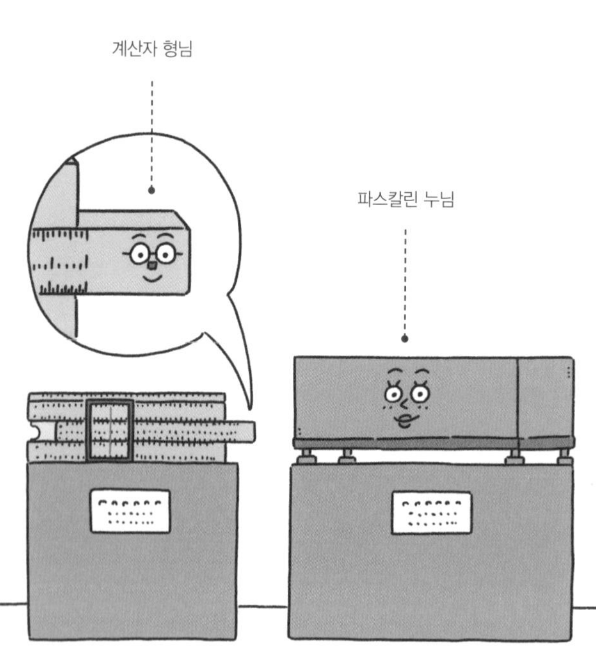
계산자 형님
파스칼린 누님

안녕 비커 군, 어서 와.
앗
아하, 공학용 전자계산기 로봇 군의 선배들 방이구나.
공학용 전자계산기 로봇

계산은 아주 먼 옛날부터 있었는데 여기엔 17세기 이후 선배들이 계신 것 같아.
아 그래?
끄덕 끄덕

컴펫 CS-10A 군
타이거 계산기 씨
fx-1 로봇
SHARP COMPET
저기 눈금자처럼 생긴 선배는 잘 모르겠어.
뭣?!
허걱
다 아는 선배들이야.
근데…
눈금자처럼 생긴 건 사실이지만…
계산자 형님(1912년~)

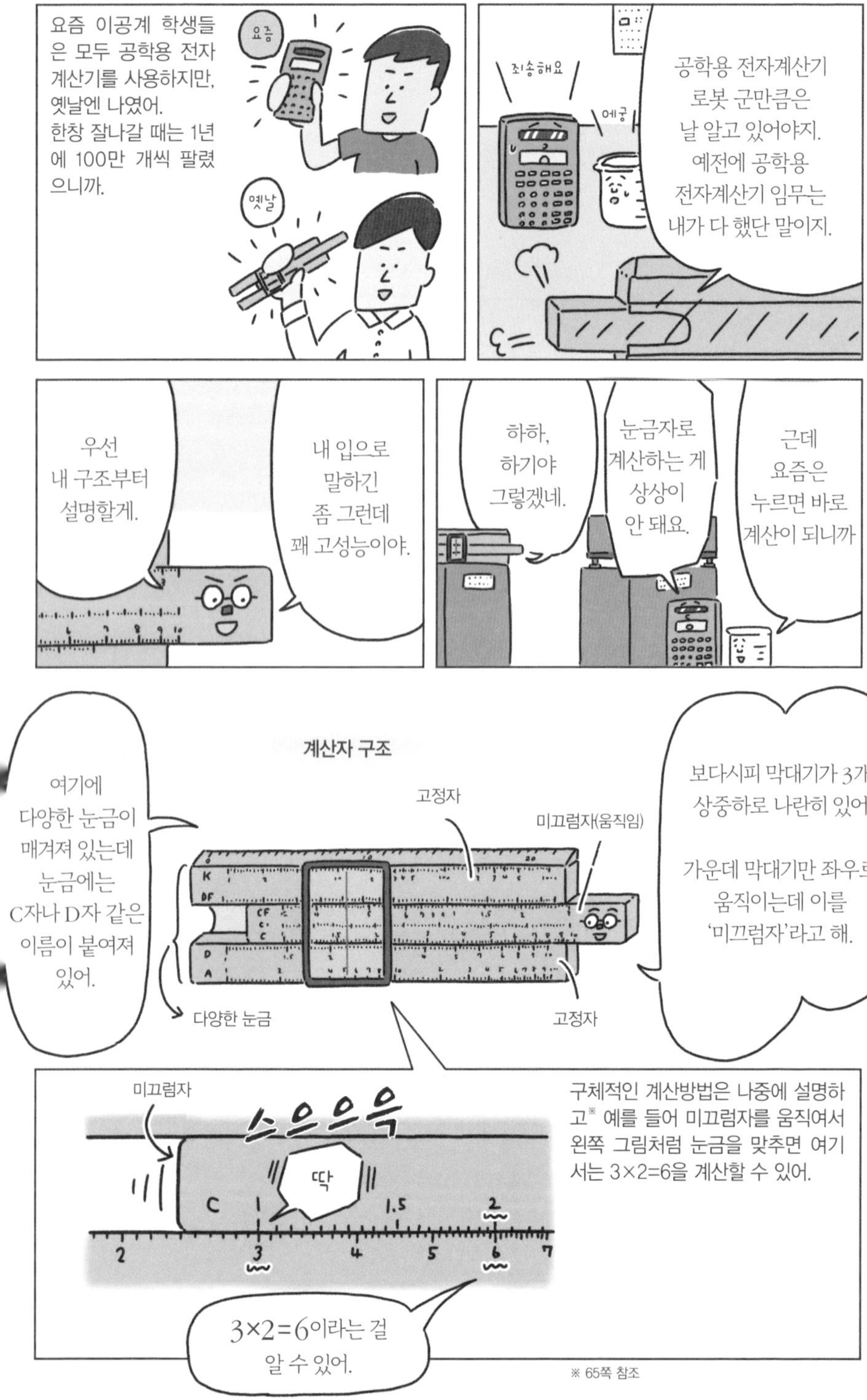

요즘 이공계 학생들은 모두 공학용 전자계산기를 사용하지만, 옛날엔 나였어.
한창 잘나갈 때는 1년에 100만 개씩 팔렸으니까.

요즘

옛날

죄송해요

예궁

공학용 전자계산기 로봇 군만큼은 날 알고 있어야지. 예전에 공학용 전자계산기 임무는 내가 다 했단 말이지.

우선 내 구조부터 설명할게.

내 입으로 말하긴 좀 그런데 꽤 고성능이야.

하하, 하기야 그렇겠네.

눈금자로 계산하는 게 상상이 안 돼요.

근데 요즘은 누르면 바로 계산이 되니까

여기에 다양한 눈금이 매겨져 있는데 눈금에는 C자나 D자 같은 이름이 붙여져 있어.

계산자 구조

고정자

미끄럼자(움직임)

다양한 눈금

고정자

보다시피 막대기가 3개 상중하로 나란히 있어.

가운데 막대기만 좌우로 움직이는데 이를 '미끄럼자'라고 해.

미끄럼자

스으으윽

딱

구체적인 계산방법은 나중에 설명하고※ 예를 들어 미끄럼자를 움직여서 왼쪽 그림처럼 눈금을 맞추면 여기서는 3×2=6을 계산할 수 있어.

3×2=6이라는 걸 알 수 있어.

※ 65쪽 참조

로그
눈금이요?
오, 예리하군.
이건 로그눈금이야.
어라?
자세히 보니까
눈금이 좀
특이한데요.
균등하지가 않아요.
우와~
눈금을 맞추면
계산이 가능하다니
신기하다~

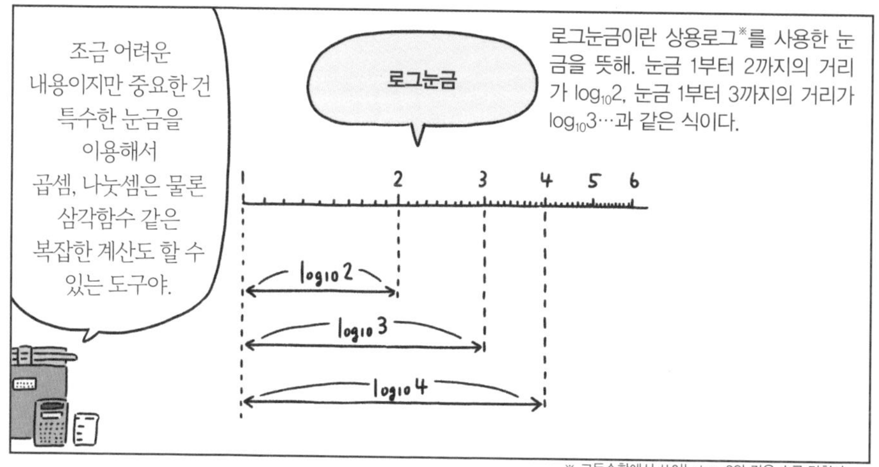
조금 어려운
내용이지만 중요한 건
특수한 눈금을
이용해서
곱셈, 나눗셈은 물론
삼각함수 같은
복잡한 계산도 할 수
있는 도구야.
로그눈금
1 2 3 4 5 6
log10 2
log10 3
log10 4

로그눈금이란 상용로그※를 사용한 눈금을 뜻해. 눈금 1부터 2까지의 거리가 $\log_{10}2$, 눈금 1부터 3까지의 거리가 $\log_{10}3$…과 같은 식이다.

※ 고등수학에서 쓰이는 $\log_{10}2$와 같은 수를 말한다.

하지만 1970년대에
공학용 전자계산기에
왕좌를 뺏기고 말지.
왠지
죄송해요.
유명한 도쿄타워
설계 때도
내가 쓰였다니깐.
에헴!
전자제품이나
건축설계 등
계산이 필요한
분야에서
크게 활약했지.
우와~!

계산자 형님

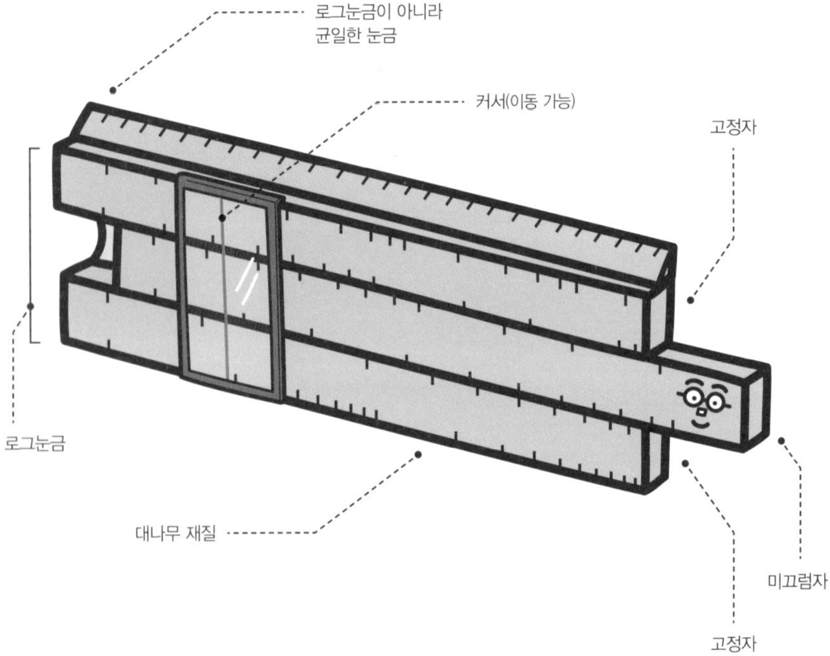

로그눈금이 아니라
균일한 눈금

커서(이동 가능)

고정자

로그눈금

대나무 재질

미끄럼자

고정자

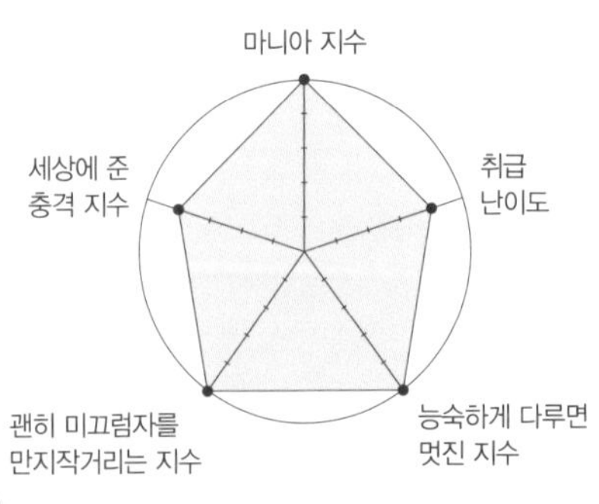
마니아 지수
세상에 준
충격 지수
취급
난이도
괜히 미끄럼자를
만지작거리는 지수
능숙하게 다루면
멋진 지수

정식 명칭	헨미 계산자
특기	눈금을 맞추어 복잡한 계산하기
제조 연대	1912년~

〈한 뼘 정보〉

일반적인 계산자 외에도 칼로리 계산자나 항공계산자 등 특수 분야에 특화된 것도 있다.

계산자를 활용해 계산하기

(No. 2664S를 사용한 경우)

(1) 1.5×3.2를 계산할 경우

❶ 미끄럼자를 오른쪽으로 이동시켜서 눈금(C자)의 1을 밑의 눈금(D자)의 1.5에 맞춘다.

❷ C자의 3.2가 가리키는 D자의 눈금을 읽는다.

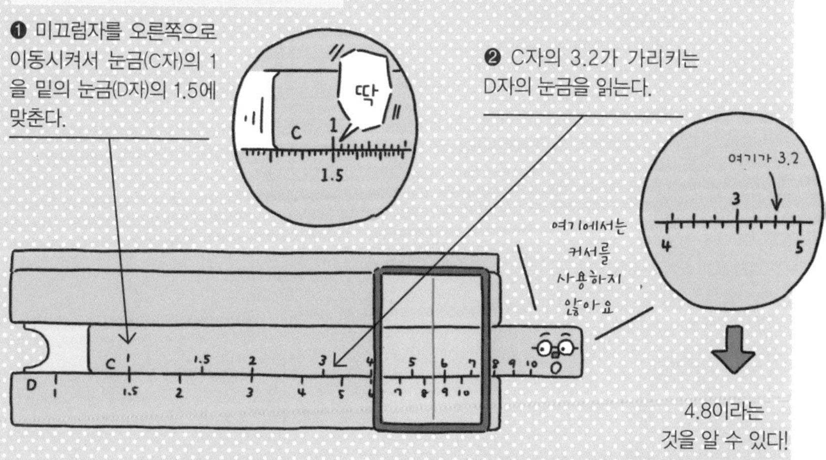

딱
C
1
1.5
여기가 3.2
3
4
5
여기에서는 커서를 사용하지 않아요
C 1 1.5 2 3 4 5 6 7 8 9 10
D 1 1.5 2 3 4 5 6 7 8 9 10

4.8이라는 것을 알 수 있다!

(2) 2^3(2×2×2)을 계산할 경우※

❶ D자의 눈금 2에 커서의 빨간 선을 옮긴다.

❷ 맨 위의 눈금(K자) 중 빨간 선과 겹친 숫자를 읽는다.

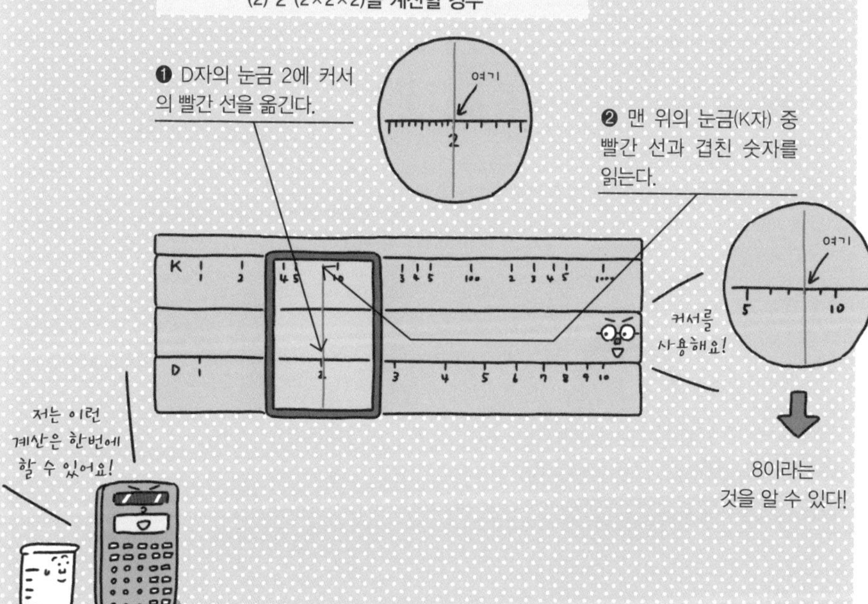

여기
2
여기
5
10
커서를 사용해요!
K 1 2 4 5 1 10 3 4 5 100 2 3 4 5 1000
D 1 2 3 4 5 6 7 8 9 10
저는 이런 계산은 한번에 할 수 있어요!

8이라는 것을 알 수 있다!

※ (2)에서는 미끄럼자 눈금을 사용하지 않는다.

프랑스에서 태어나신

파스칼린 누님이시죠?

당연히 알고 있었어요!

알고 있었구나. 나에 대해선 몰랐으면서…

파스칼린 누님

이번엔 이분을 소개할게.

잘 부탁해

압력 단위의 명칭으로도 쓰이는 파스칼 씨가 만들어주셨죠.

인간은
각하는
갈대다

블레즈 파스칼
(1623~1662)

로봇 군 고마워요.

난 17세기 프랑스에서 태어났어요.

현존하는 기계식 계산기 중 가장 오래된 분이시죠. 고향은 프랑스이고.

자세히도 아는구먼.

호호호

1642년 파스칼은 세무공무원※이던 아버지의 노고를 덜어드리기 위해서 자동으로 계산할 수 있는 기계 만들기에 돌입했고, 3년 뒤 마침내 성공했어요.
아버지가 기뻐하실 거야!
당시 16세였던 파스칼
설계 설계
아버지를 위해서
쓱싹
쓱싹
파스칼 씨 진짜 효자시다~

※ 세금 계산과 징수 등의 업무를 담당했다.

파스칼린 사용법

① 다이얼로 숫자를 입력하면 표시창에 숫자가 표시된다.

↓

② 더하려는 숫자를 다이얼로 입력한다.

↓

③ 정답이 표시창에 표시된다.

다이얼

입력하려는 숫자에 전용 기구를 꽂고 빙 돌리면 입력된다.

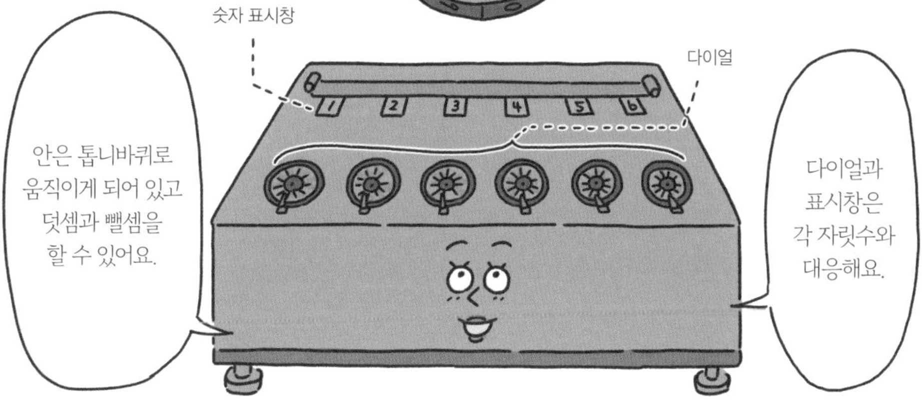

숫자 표시창

다이얼

안은 톱니바퀴로 움직이게 되어 있고 덧셈과 뺄셈을 할 수 있어요.

다이얼과 표시창은 각 자릿수와 대응해요.

파스칼 씨는 나 같은 기계를 50대 넘게 만들어서 팔려고 했는데

잘 팔렸을 거 같아요!

당시로는 굉장히 획기적인 물건이었겠죠?!

글쎄 그게 한 대도 안 팔렸답니다…

당시 사람들에겐 기계가 너무 낯설기도 했고 아주 비쌌거든요.

불쌍한 파스칼 씨.

좋은 물건이라고 꼭 잘 팔리는 건 아니구나.

이분!
저는
1960년대
모델입니다
이분
알아요!
타이거 계산기 씨
(1세대 모델은 1923년~)

타이거 계산기 씨

이번에 소개하는 분은
저와는 달리 굉장히 잘 팔린

저를 만든 분은 오모토 도라지로라는 사람이에요. 그래서 원래는 '도라지루시 계산기'라는 이름이었어요.
완성!
도라지루시 계산기
오모토 도라지로(1887~1961)

수동계산기로도 불렸고, 타이거라는 이름은 창업자의 이름에서 유래되었죠.
하하하, 잘 아는구나.
자세히 알고 있네.
밑으로 내려온 계산자 형님

M.KATERA 씨랑 똑같네.※

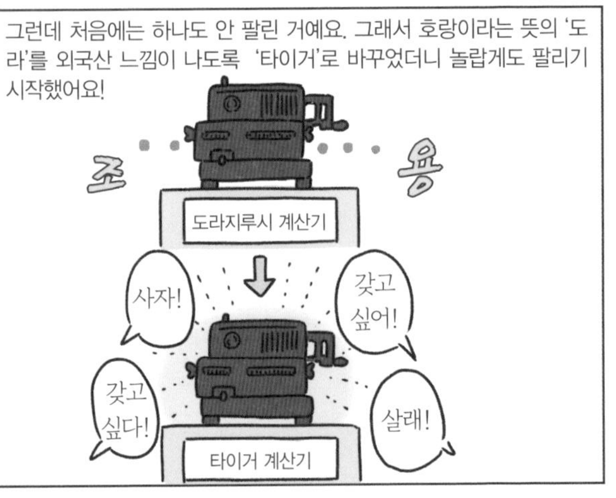
그런데 처음에는 하나도 안 팔린 거예요. 그래서 호랑이라는 뜻의 '도라'를 외국산 느낌이 나도록 '타이거'로 바꾸었더니 놀랍게도 팔리기 시작했어요!
조
용
도라지루시 계산기
사자!
갖고 싶어!
갖고 싶다!
살래!
타이거 계산기

※ 28쪽 참조

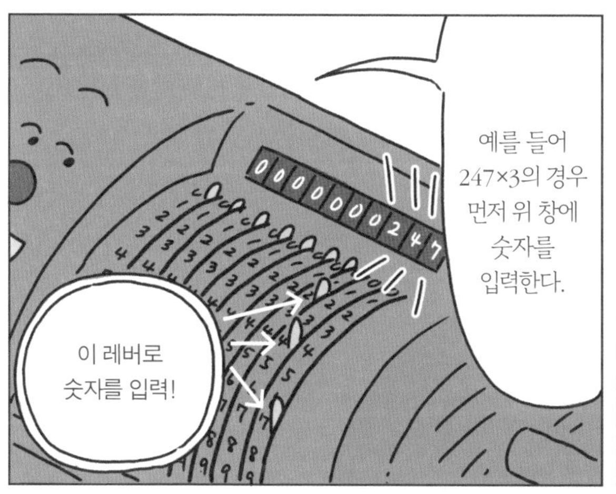
예를 들어
247×3의 경우
먼저 위 창에
숫자를
입력한다.
이 레버로
숫자를 입력!
0000000247

한번
계산
좀 해볼까?
감사합니다

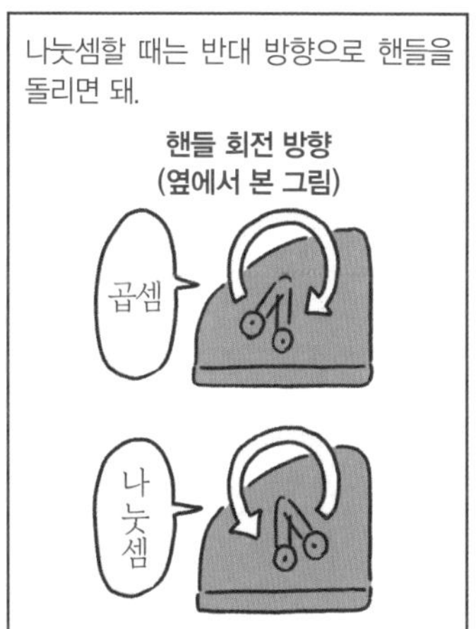
나눗셈할 때는 반대 방향으로 핸들을
돌리면 돼.
핸들 회전 방향
(옆에서 본 그림)
곱셈
나눗셈

그리고 핸들을
세 번 돌리면
짠~
741
이런
식으로
답이
나오지.
빙
빙
빙
빙
핸들

하하하,
그랬겠네요.
타이거 계산기를
사용하는 사무실 모습
그래서
내가 많이
쓰였을 때는
꽤 시끄러웠을
거야? 하하.
띵!
띵!
띵!
띵!
띵!
띵!

나눗셈에서
답이
나올 때는
띵!
하고
종이 울려.

파스칼린 누님

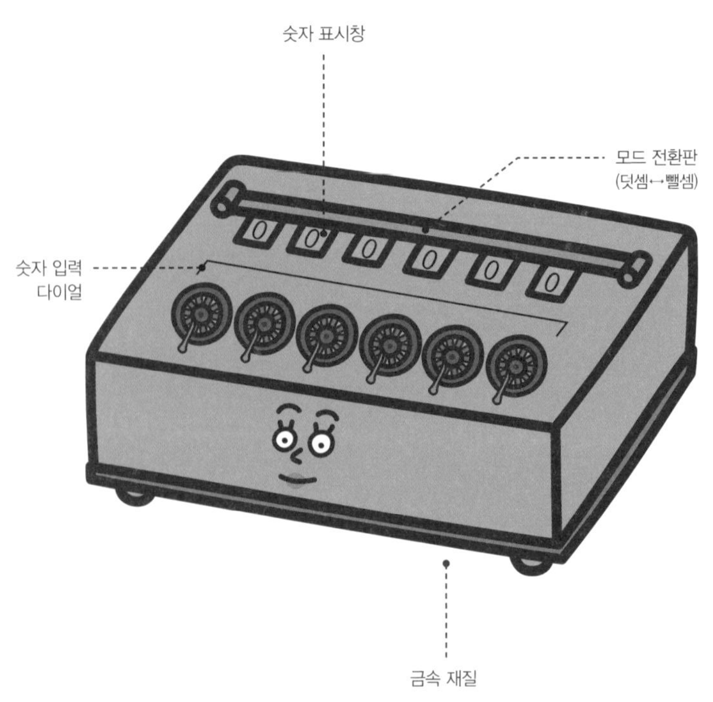

숫자 표시창
모드 전환판
(덧셈↔뺄셈)
숫자 입력
다이얼
0
0
0
0
0
0
금속 재질

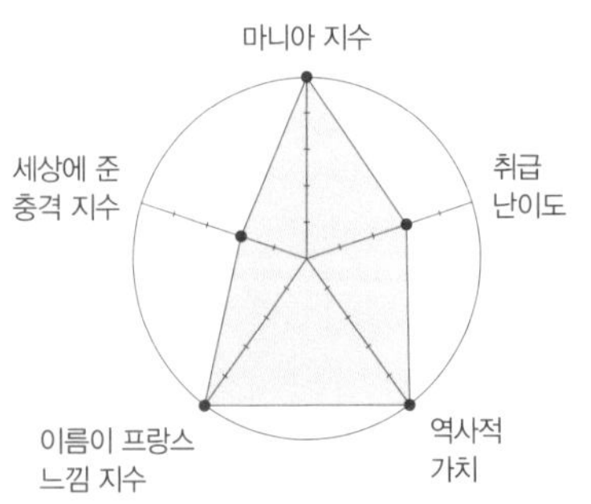

마니아 지수
취급
난이도
역사적
가치
이름이 프랑스
느낌 지수
세상에 준
충격 지수

정식 명칭	파스칼린
특기	사칙연산
제조 연대	17세기 중반

〈한 뼘 정보〉

일반계산용 모델과 화폐계산용 모델이 있다(이 책에 나온 모델은 일반계산용).

타이거 계산기 씨

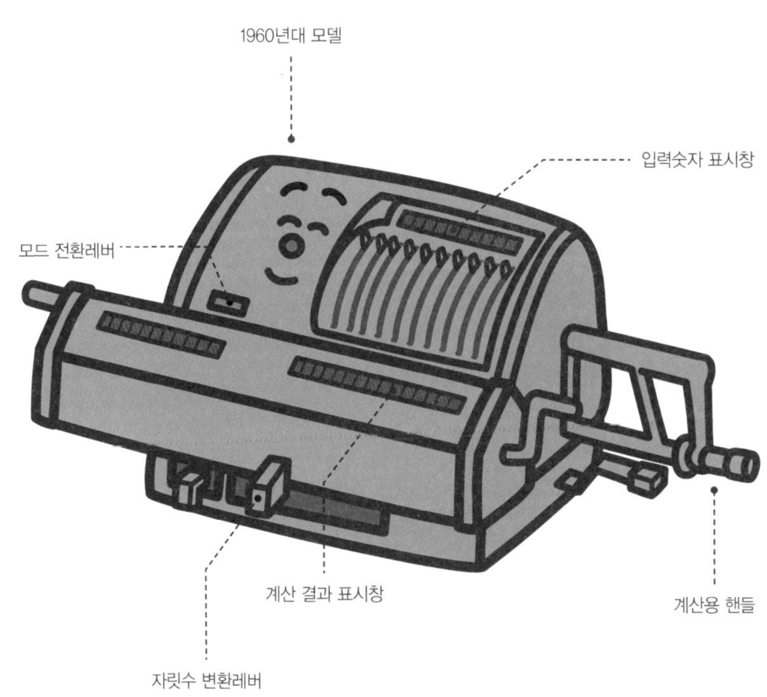
1960년대 모델
입력숫자 표시창
모드 전환레버
계산 결과 표시창
계산용 핸들
자릿수 변환레버

마니아 지수
세상에 준 충격 지수
취급 난이도
괜히 핸들을 돌려보고 싶어지는 지수
'띵' 하는 소리의 쾌감지수

정식 명칭	타이거 계산기
특기	사칙연산
제조 연대	1세대 모델은 1923년~

〈한 뼘 정보〉

제조 연대에 따라 크게 6개의 모델로 분류된다. 전 모델의 총 판매 대수는 약 50만 대에 이른다.

컴펫 CS-10A 군과 fx-1 로봇

난 하야카와 덴키 (지금의 샤프) 라는 회사에서 태어난
일본 최초의 전자 계산기야.
오오!
SHARP COMPET
컴펫 CS-10A 군(1964년~)

이제 본격적인 기계의 느낌이 나네요.
그치?

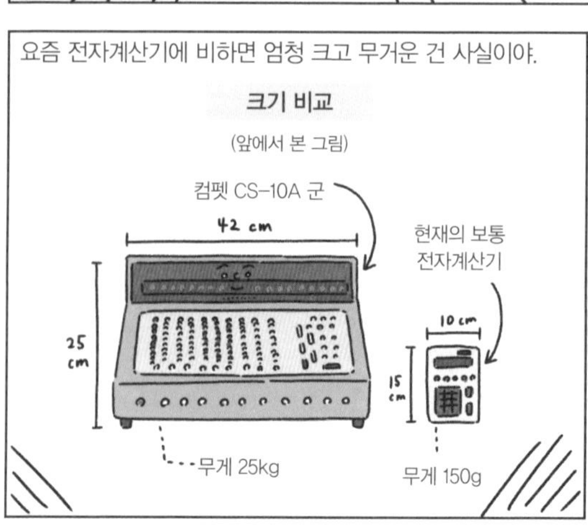

요즘 전자계산기에 비하면 엄청 크고 무거운 건 사실이야.
크기 비교
(앞에서 본 그림)
컴펫 CS-10A 군
42 cm
25 cm
무게 25kg
현재의 보통 전자계산기
10 cm
15 cm
무게 150g

큼직
근데 몸집이 엄청 크시네요.
그래?

계속 따라오는 계산자 형님↑

물론 요즘 계산기와 많이 다르고 버튼이 너무 많은 게 사실이긴 해.
많긴 하네요.
SHARP COM

하지만 당시엔 책상에 올려놓을 수 있다는 것만으로도 획기적인 일이었대요.
로봇 군, 말 잘했다!
그랬구나.
그랬구나

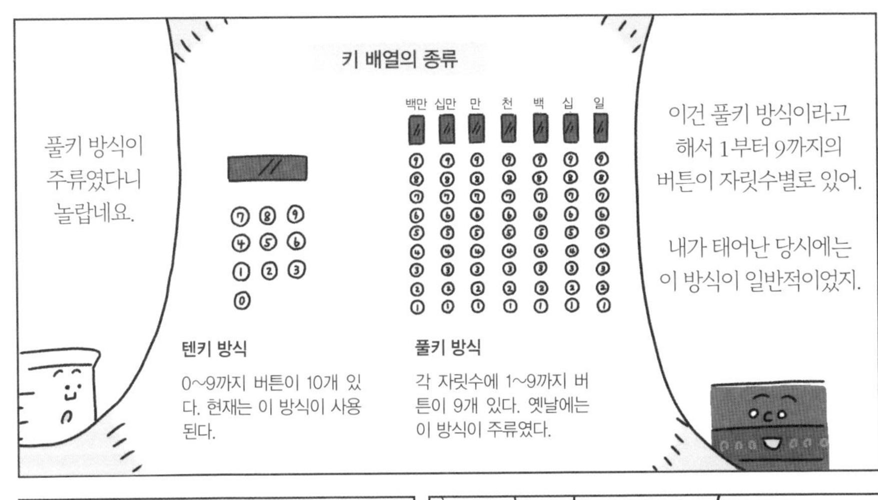
풀키 방식이
주류였다니
놀랍네요.
키 배열의 종류
백만 십만 만 천 백 십 일
텐키 방식
0~9까지 버튼이 10개 있다. 현재는 이 방식이 사용된다.
풀키 방식
각 자릿수에 1~9까지 버튼이 9개 있다. 옛날에는 이 방식이 주류였다.
이건 풀키 방식이라고
해서 1부터 9까지의
버튼이 자릿수별로 있어.
내가 태어난 당시에는
이 방식이 일반적이었지.

그 뒤로 키 배열뿐 아니라 기능도 향상되면서
크기가 훨씬 작아졌어.
・소형화! ・고성능화!
세계 최초 액정
전자계산기
EL-805
인기 상품
컴펫 CS-20A
(텐키 방식)
내 뒤에 태어난
제품은
덴키 빙식이어서
결국 나 다음의
모델부터는
텐키 방식이
사용됐지.

진화라고
하면 이분을
빼놓을 수
없지!

일본 최초 공학용
전자계산기!

fx-1 로봇
(카시오 제작 1972년~)

전자계산기 개발에
응용된 기술

액정
반도체
태양
전지

진화 과정에서
액정이나 태양전지 등
다양한 기술이
응용되었어.

SHARP COMPET

대단해요!

오!
fx-1 로봇에도
공학용
전자계산기
로봇 군과 같은
버튼이 있어요!
하하,
당연하지.
sin
cos
sinh
cosh
MR
M+

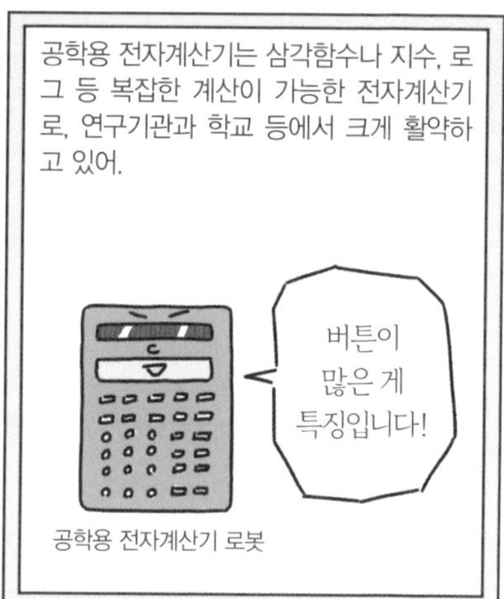
공학용 전자계산기는 삼각함수나 지수, 로그 등 복잡한 계산이 가능한 전자계산기로, 연구기관과 학교 등에서 크게 활약하고 있어.
버튼이
많은 게
특징입니다!
공학용 전자계산기 로봇

고가제품
이었군요.
가격도
비싸서
당시엔
대중적이지
못했지.
신상품!
325만 원※

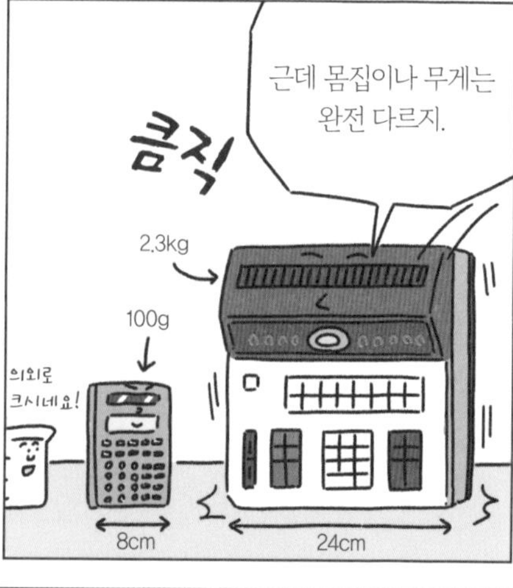
근데 몸집이나 무게는
완전 다르지.
큼직
2.3kg
100g
의외로
크시네요!
8cm
24cm

※ 당시 대졸 초봉이 약 50만 원이었다.

지금은
이공계에 없어서는
안 될 존재가 되었다,
이거야.
아,
그러십니까~
그럼요!

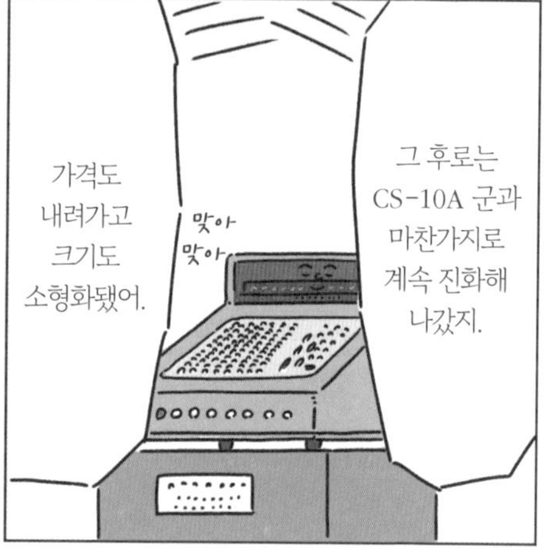
그 후로는
CS-10A 군과
마찬가지로
계속 진화해
나갔지.
가격도
내려가고
크기도
소형화됐어.
맞아
맞아

컴펫 CS-10A 군

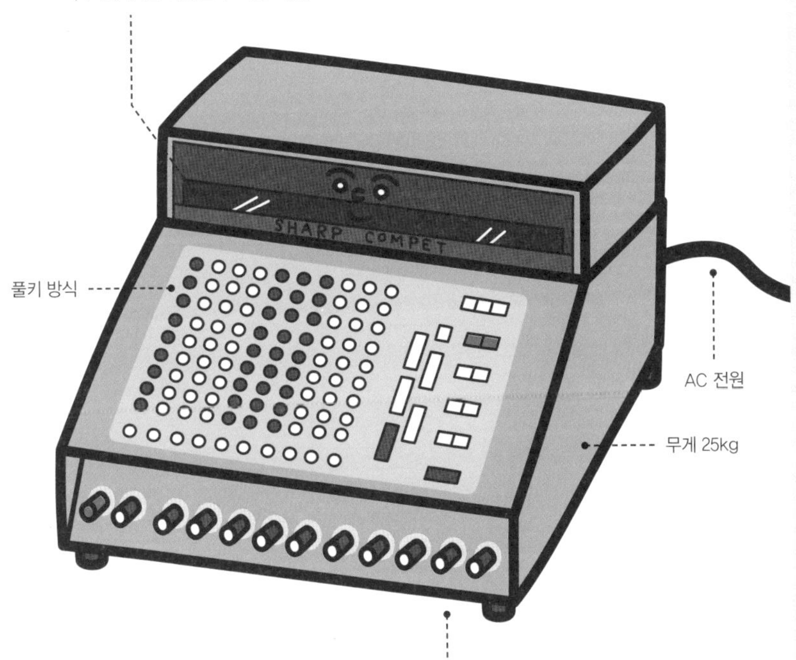
숫자 표시 부분
(닉시관이라고 하는 표시소자를 사용)
SHARP COMPET
풀키 방식
AC 전원
무게 25kg
트랜지스터 530개
다이오드 2,300개 사용

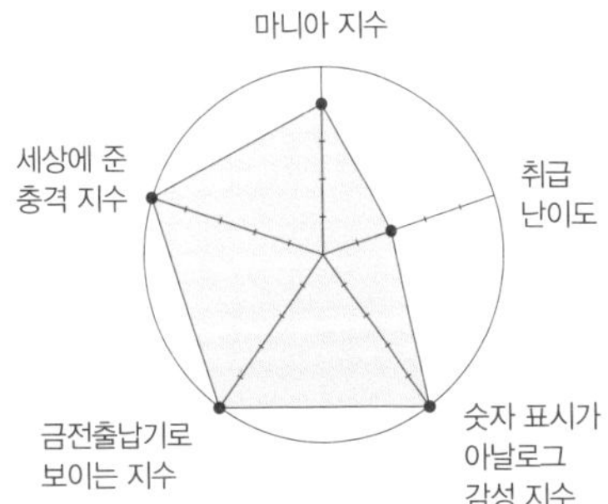
마니아 지수
취급
난이도
숫자 표시가
아날로그
감성 지수
금전출납기로
보이는 지수
세상에 준
충격 지수

정식 명칭	샤프 컴펫 CS-10A
특기	자동으로 계산하기
제조 연대	1964년

〈한 뼘 정보〉

국제 전기 전자 기술자 협회(IEEE)에서 사회와 산업 발전에 기여한 업적을 인정하는 IEEE 마일스톤을 수상했다.

fx-1 로봇

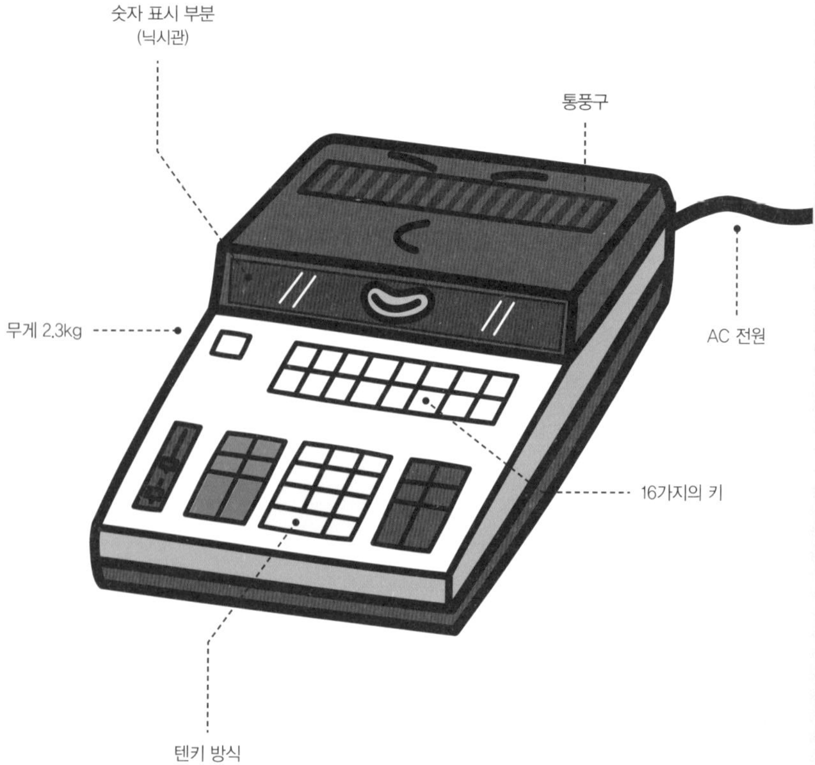

숫자 표시 부분
(닉시관)

통풍구

무게 2.3kg

AC 전원

16가지의 키

텐키 방식

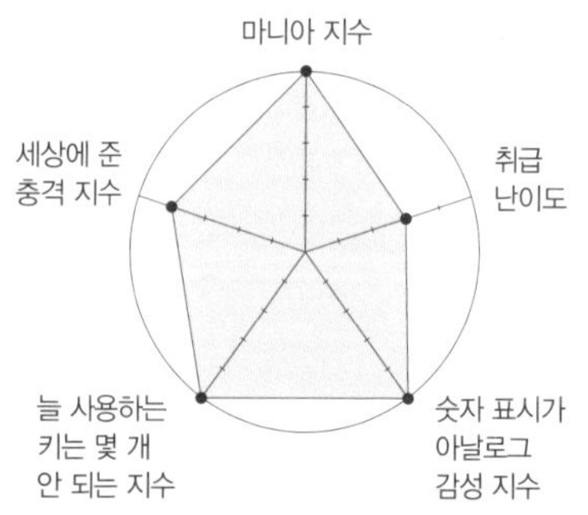

마니아 지수
세상에 준
충격 지수
취급
난이도
늘 사용하는
키는 몇 개
안 되는 지수
숫자 표시가
아날로그
감성 지수

정식 명칭 카시오 fx-1

특기 자동으로 복잡한 계산하기

제조 연대 1972년

〈한 뼘 정보〉

fx-1이 개발되기 전 비슷한 계산을 해내려면 1,000만 원이 넘는 고가의 컴퓨터가 필요했다.

아까 얼핏
들었는데
계산자 형님을
몰랐다고?
네….
영화 출연?!
유명한
만화영화에도
출연하셨을 정도로
위대하다고.
네?! 정말요?
그건 좀 너무했다.
우리의
대선배님이신데.
fx-1 로봇
고맙다!
무슨 영화예요?!
휙
알려주세요!
급관심
아,
항공기 설계자가
주인공인 영화인데.
아, 그래요…
그래도
대단하세요!
썰렁
공학용
전자계산기
로봇 군은
너무
솔직하군.
근데 출연한 건
내가 아니고
다른 친구야.
만화영화에
출연한 계산자

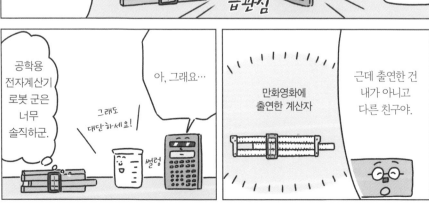

역사 속 다양한 탁상형 전자계산기

그 밖의
선배들

ANITA Mk8

벨 펀치라는 회사에서 발매한 세계 최초의 탁상형 전자계산기(1962년 영국).

Canola 130

CS-10A와 같은 시기에 발매되었다. 텐키 방식을 채택한 최초의 탁상형 전자계산기(1964년 일본 캐논).

SOBAX ICC-500

충전지를 외부에서 부착할 수 있어서 세계 최초의 휴대 가능 전자계산기로 알려져 있다(1967년 일본 소니).

카시오미니

당시 계산기의 1/3 가격으로 발매되어 큰 인기를 얻었다. 3년 동안 600만 대 판매라는 경이로운 기록을 세웠다(1972년 일본 카시오).

EL-805

세계 최초 액정 전자계산기. 이 계산기 이후 탁상형 전자계산기가 액정표시로 바뀌었다(1973년 일본 샤프).

fx-10

휴대용 공학용 전자계산기. fx-1보다 무게는 1/7, 가격은 1/13로 낮아졌다(1974년 일본 카시오).

EL-8026

세계 최초의 태양전지식 탁상형 전자계산기. 수광부는 본체 뒷면에 있다(1976년 일본 샤프).

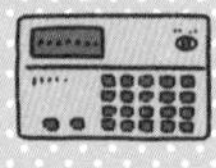

LC-78

세계 최초의 명함 크기 전자계산기. 두께는 3.9mm로 월 생산 40만 대라는 기록을 세웠다(1978년 일본 카시오).

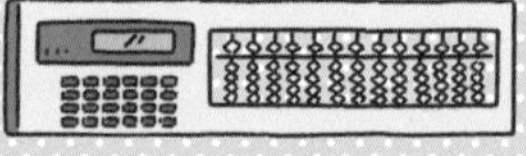

Soro-cal EL-428

덧셈·뺄셈에 편리한 주판과 곱셈·나눗셈에 편리한 전자계산기를 합쳤다(1981년 일본 샤프).

계산도구 · 계산기 연대표

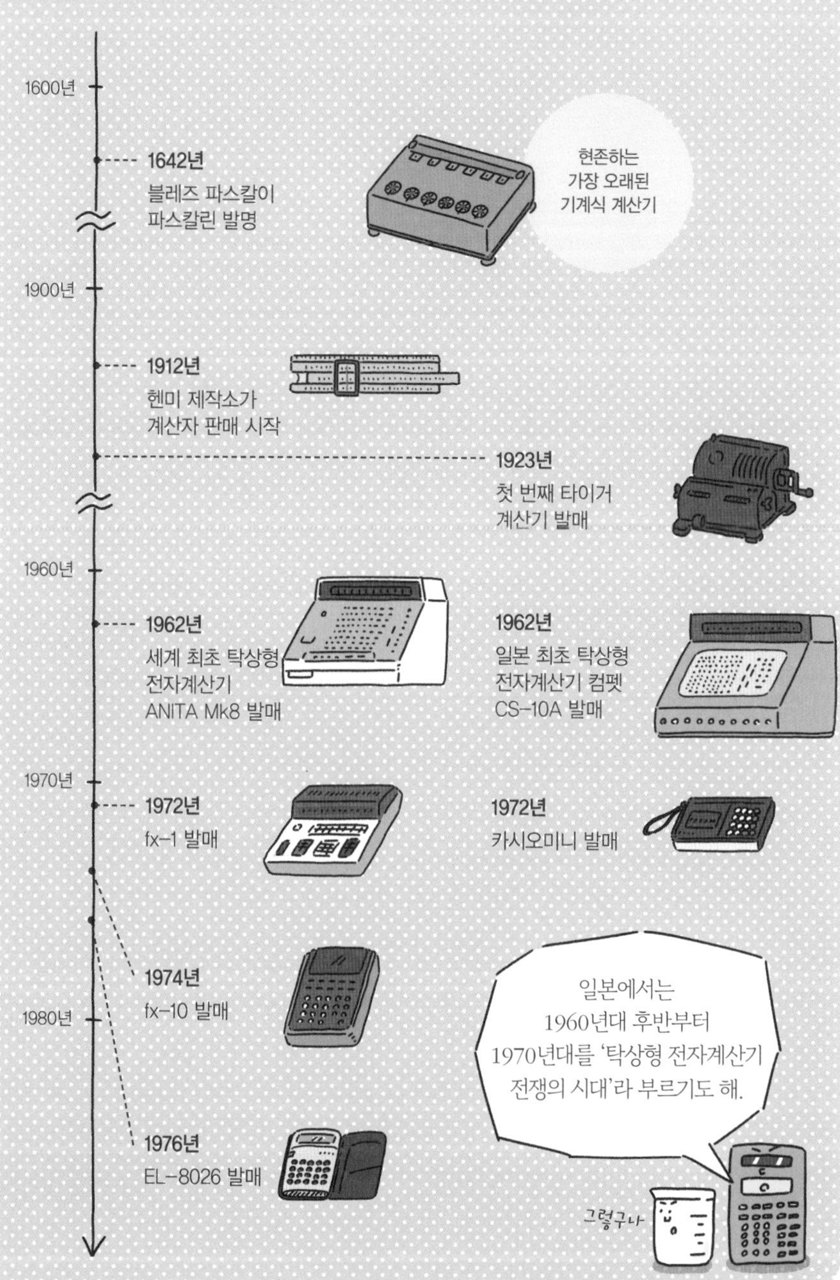

1600년
1642년
블레즈 파스칼이
파스칼린 발명
현존하는
가장 오래된
기계식 계산기
1900년
1912년
헨미 제작소가
계산자 판매 시작
1923년
첫 번째 타이거
계산기 발매
1960년
1962년
세계 최초 탁상형
전자계산기
ANITA Mk8 발매
1962년
일본 최초 탁상형
전자계산기 컴펫
CS-10A 발매
1970년
1972년
fx-1 발매
1972년
카시오미니 발매
1974년
fx-10 발매
1980년
1976년
EL-8026 발매
일본에서는
1960년대 후반부터
1970년대를 '탁상형 전자계산기
전쟁의 시대'라 부르기도 해.
그렇구나

03

선배들에 얽힌 추억 이야기

철학자로도 널리 알려진 블레즈 파스칼이 '파스칼린'을 발명하고 세상에 발표한 것은 1645년이었습니다. 그런데 기계식 계산기의 역사에 따르면 이보다 약 20년 전에 독일인 빌헬름 시카르트가 전문적인 계산을 위한 계산기를 만들었다고 합니다. 파스칼린에 이어서 1670년대에는 미적분 연구로 유명한 독일의 고트프리트 라이프니츠가 한층 발전한 계산기를 만들었습니다. 이렇듯 17세기는 기계식 계산기가 잇따라 탄생한 시대라고 할 수 있습니다.

계산자도 기계식 계산기 탄생을 전후하여 생겨납니다. 로그(대수)의 발견이 16세기 말이었고, 이를 바탕으로 한 '대수자'는 영국 천문학자인 에드먼드 건터에 의해 1620년에 만들어집니다. 이는 대수나 삼각함수가 매겨진 눈금을 디바이더(컴퍼스와 비슷한 도구)를 사용하여 읽어내는 방식이었습니다. 미끄럼자를 이동시켜 눈금을 맞추는 방식의 계산자는 1632년 영국 윌리엄 오트레드에 의해 만들어졌습니다.

17세기는 과학에서 특별한 세기라 할 수 있습니다. 갈릴레이나 케플러의 활약으로 기존의 과학(당시의 자연철학)은 커다란 전환기를 맞이하면서 바로 뒤에 나타난 뉴턴 등에 의해 근대과학으로 전환됩니다. 수많은 '계산하는 선배들'이 이러한 과학의 격동기에 탄생하면서 컴퓨터를 비롯한 현대 계산과학을 개척해나갑니다.

계산자를 취미 도구로 잠시나마 사용했던 사람이 바로 접니다(나이가 들통나겠네요). 제 계산자는 플라스틱 재질의 싸구려였지만 선배가 갖고 있던 멋진 계산자는 'HEMMI'가 새겨진 대나무 재질의 계산자였습니다. 당연히 외국 회사 '헤미'에서 만든 것인 줄 알았더니 일본산으로, 한때는 세계 점유율의 80%까지 석권한 헴미 계산자 회사 제품이었습니다. 1928년 이 회사를 설립한 이쓰미 지로는 측량기 회사에 근무하던 시절, 독일제 계산자를 보고 일본의 다습하고 기온 변화가 심한 기후에도 안정적인 대나무 계산자를 개발했습니다. 계산자는 비록 탁상형 전자계산기에 밀렸지만, 지금도 여전히 팬들이 있습니다. 이들은 지브리 영화 〈바람이 분다〉에서 주인공이 계산자를 사용하는 장면을 보면서 슬며시 눈물을 훔치곤 한답니다(영화가 워낙 감동적이라 눈물을 흘릴 수밖에 없지만요).

CHAPTER 4

전자기와 관련된 선배들

전자기와 관련된 선배들

어라? 아직 아무도 안 왔나?

아, 저기 먼저 와 있네.

안녕, 전압계 군.
어서 와, 비커 군.

지금 라이덴병 아저씨한테서 옛날이야기를 듣고 있었어.
탁
와, 진짜?

그럼 내가
다시 한번 옛날이야기를 들려주마.
라이덴병 아저씨

에레키테르 보이

라이덴병 아저씨

옛날에

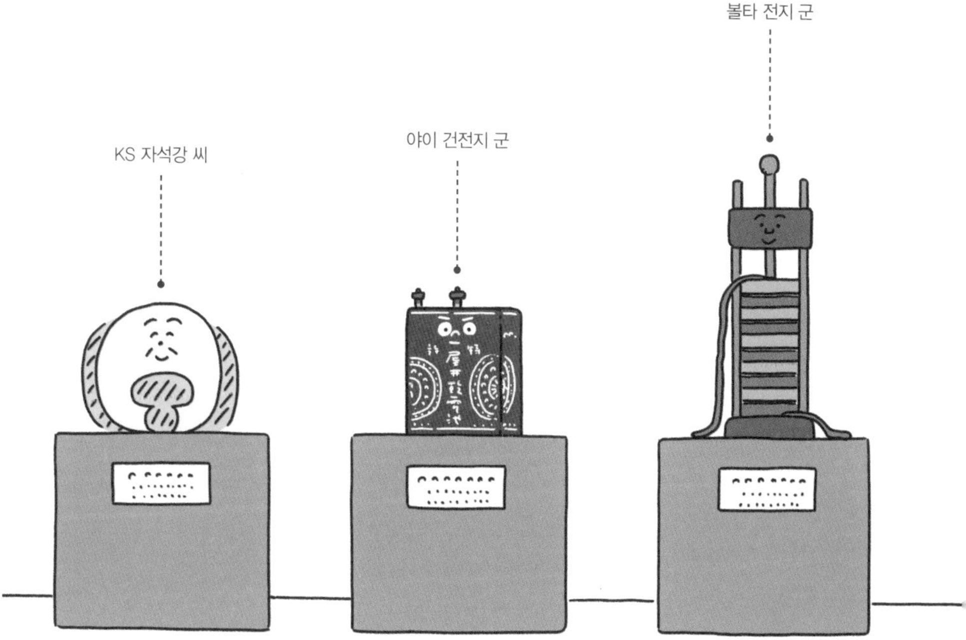

KS 자석강 씨

야이 건전지 군

볼타 전지 군

광물인 호박을
문지르면
깃털이 붙어요!
우와~
하늘
하늘
신기해!
지금이야 전기가 생활에
꼭 필요한 존재가 되었지만,
옛날엔 전기라고 하면 정전기를 의미했어.
사람들은 전기를 물체를 끌어당기는
신기한 오락거리 정도로 생각했지.

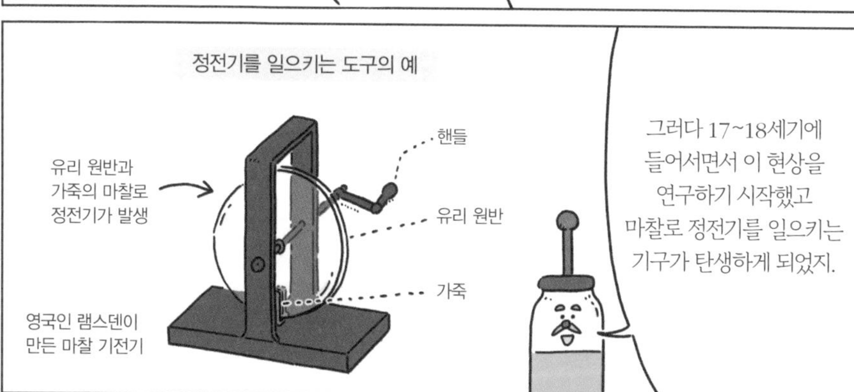
정전기를 일으키는 도구의 예
핸들
유리 원반과
가죽의 마찰로
정전기가 발생
유리 원반
가죽
영국인 램스덴이
만든 마찰 기전기
그러다 17~18세기에
들어서면서 이 현상을
연구하기 시작했고
마찰로 정전기를 일으키는
기구가 탄생하게 되었지.

그러던 중 1746년 네덜란드 라이덴대학 교수인 뮈센부르크가 전기를 저장하는 원리를 발견하고※ 그 후 불필요한 부분이 제거되면서 지금의 형태가 되었어. 이렇게 세계 최초의 축전기가 탄생했고 전기의 성질을 연구하는 실험에 쓰이기 시작했단다.
유리병
물
아야!
지직
뮈센부르크(1692~1761)

※ 독일의 클라이스트도 비슷한 시기에 발견했다.

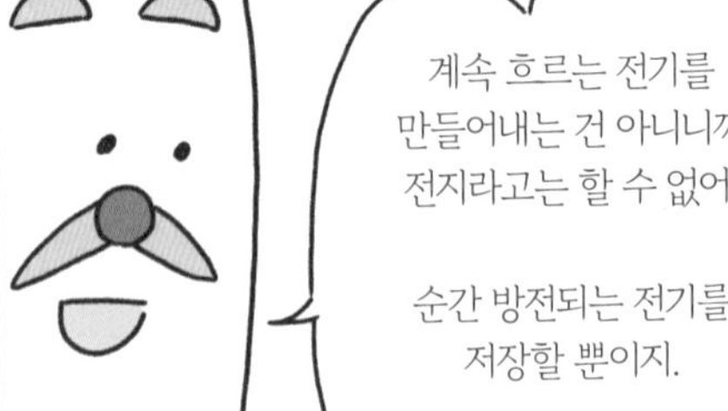
계속 흐르는 전기를
만들어내는 건 아니니까
전지라고는 할 수 없어.
순간 방전되는 전기를
저장할 뿐이지.

축전기는
전지랑 달라요?

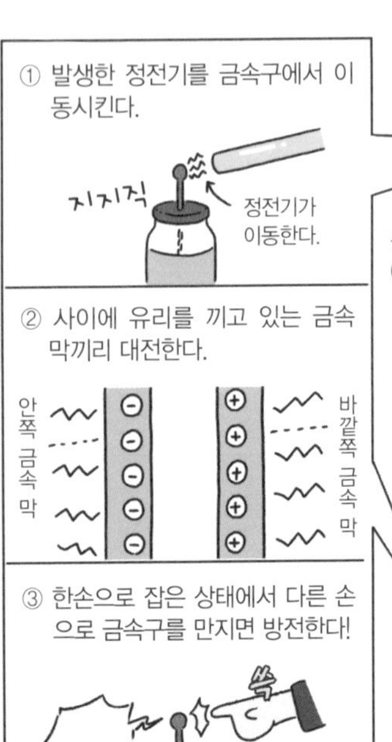
① 발생한 정전기를 금속구에서 이동시킨다.
지지직
정전기가
이동한다.
② 사이에 유리를 끼고 있는 금속 막끼리 대전한다.
안쪽 금속 막
바깥쪽 금속 막
③ 한손으로 잡은 상태에서 다른 손으로 금속구를 만지면 방전한다!
찌릿!!

라이덴병의 구조
금속 막
(바깥쪽)
금속구
금속 사슬
금속 막
(안쪽)
유리병

내 구조는
옆의 그림과 같아.
유리병 안쪽과
바깥쪽이 각각
금속 막으로
덮여 있어.

이 금속 막
사이에
정전기가
저장되는
거야.

18세기 중반 사람들이 번개와 전기는 다르다고 알고 있던 시절, 그는 번개를 이용해서 실험할 생각을 하고 있었어.
번쩍
우르릉
번개와 전기는 분명히 같은 걸 거야.
벤저민 프랭클린 (1706~1790)

그리고 나를 사용한 실험 중 유명한 건…
프랭클린 씨죠?
아까 해주신 얘기잖아요
맞았어.

그래서 그는 이런 실험을 했

프랭클린의 연날리기 실험(1752년)

우르릉
끝에 바늘이 달린 연
금속 재질 열쇠
라이덴병
번쩍
됐어!
이때다!

① 그림처럼 연을 준비해서 뇌운(번개구름)을 향해 날린다.

② 열쇠에 전달된 번개를 라이덴병에 모은다.

실험 후 프랭클린은 모인 번개가 정전기와 똑같은 작용과 현상을 나타낸다는 사실을 밝혀냈어.

번개를 모으다니 대단해요.
근데 위험하지 않아요?

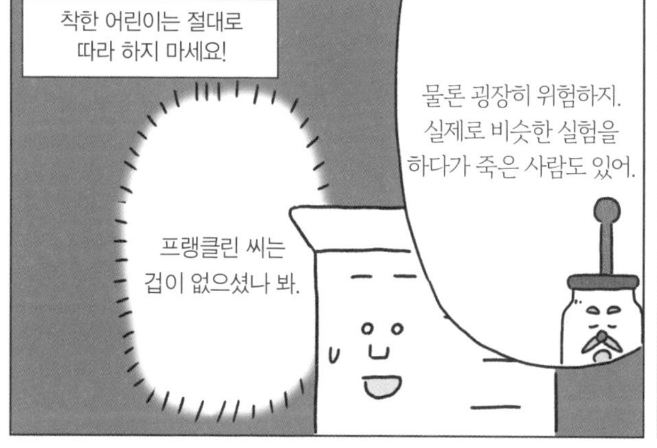
물론 굉장히 위험하지. 실제로 비슷한 실험을 하다가 죽은 사람도 있어.
착한 어린이는 절대로 따라 하지 마세요!
프랭클린 씨는 겁이 없으셨나 봐.

라이덴병 아저씨

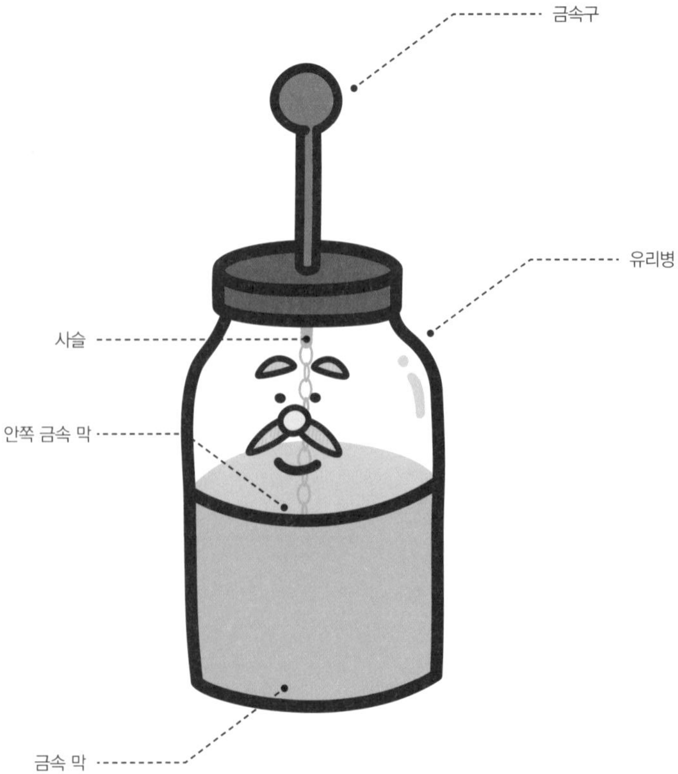

금속구
유리병
사슬
안쪽 금속 막
금속 막

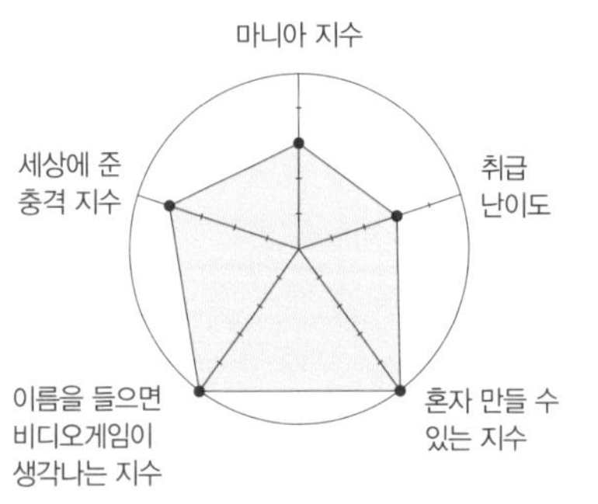

마니아 지수
취급 난이도
혼자 만들 수 있는 지수
이름을 들으면 비디오게임이 생각나는 지수
세상에 준 충격 지수

정식 명칭	라이덴병
특기	정전기 모으기
제조 연대	1745년~

〈한 뼘 정보〉

수 미터의 마찰 기전기와 25개의 라이덴병으로 만든 '마렴의 기전기'라는 거대한 장치도 있다.

라이덴병(라이덴컵) 만드는 방법과 방전실험

준비물
티슈
염화비닐 파이프
플라스틱 컵(2개)
알루미늄 포일

순서 ① 플라스틱 컵을 알루미늄 포일로 두른다.

순서 ② 알루미늄 포일을 접는다.

양면테이프로 붙인다.
접고 접어서
기다란 조각으로!

순서 ③ ①의 두 컵 사이에 ②를 끼우면 완성!

순서 ④ 염화비닐을 티슈로 문질러서 정전기를 발생시킨다.

라이덴컵!
5~10회 문지른다.
꽉 쥔다.

순서 ⑤ 라이덴컵의 알루미늄 포일 조각 끝에 염화비닐 파이프를 가까이 대서 정전기를 이동시킨다. 이때 파이프의 끝에서 끝까지 골고루 움직인다.

지지직
접촉시키지 말 것!
파이프 전체의 정전기를 이동시키는 느낌으로.
지지직

순서 ⑥ ④~⑤를 몇 회 반복한 후 컵을 들고 다른 손으로 만지면 방전된다!

찌릿!

[주의]

심장이 약하거나 심박동기를 삽입한 사람, 심장질환이 있는 사람은 하지 말 것.

라이덴병으로 번개를 만들 수 있는 건가요?

땡! 그건 아니야.

요즘이야 번개가 전기라는 건 누구나 알죠.

혹시

에레키테르 보이

하하

맞아.

번개로 실험하려고 하다니 진짜 대단하다.

일본에서 나와 비슷한 원리로 한 기구가 만들어졌단다.

그리고 내가 태어난 지 130년 후인 18세기 후반

나는 정전기같이 순간 방전되는 전기를 저장하는 거야.

번개는 계속 흐르는 전기라서 전류라고 해.

아하~

18세기 일본의 천재발명가 히라가 겐나이가 나를 복원했어. 에레키테르는 전기(elektricteit)를 뜻하는 네덜란드어를 일본어식으로 읽은 거야.
고장 나 있던 것을 고쳐서 만들었어요
그게 바로 나야!
히라가 겐나이(1728~1779)

에레키테르 보이(1776년 제작)

에레키테르의 원리

① 핸들을 돌리면 유리통이 회전한다.
↓
② 유리통과 금속박의 마찰로 전기가 발생한다.
↓
③ 전기가 도선을 타고 라이덴병에 모인다.
↓
④ 상자 위로 나와 있는 부분을 잡으면 전기가 흐른다.

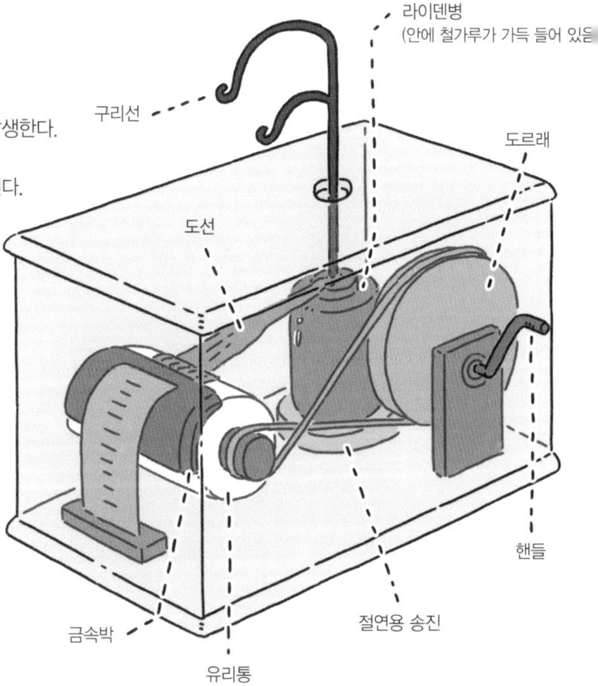

라이덴병
(안에 철가루가 가득 들어 있음)
구리선
도르래
도선
핸들
절연용 송진
금속박
유리통

오~
안쪽은 이런 구조구나~

지지직 지직
이쯤이야, 뭐. 헤헤헤.
와~
핸들을 돌리면
빙글 빙글
이렇게
빙글 빙글

예나 지금이나 사람들은 신기한 걸 좋아해.
어때요? 대단하죠?
깜짝
찌릿 찌릿
우와~
뭐지 저건?
당시에는 전기를 눈으로 직접 본다는 건 정말 신기한 일이었거든. 사람들을 즐겁게 한 거지.
발명가 히라가 겐나이는 어떤 실험을 했나요?
실험이라기보단 구경거리 같은 거였어.
구경거리요?

에레키테르 보이

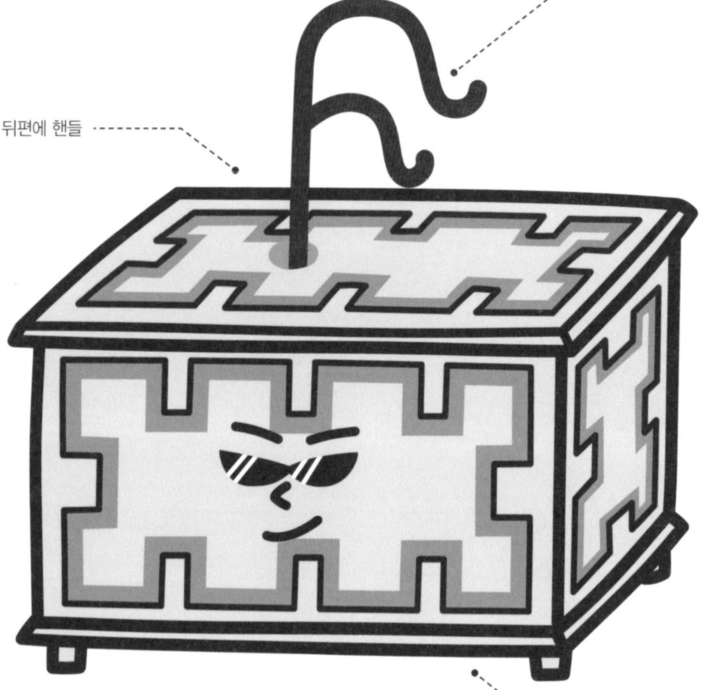

구리선

뒤편에 핸들

나무 재질

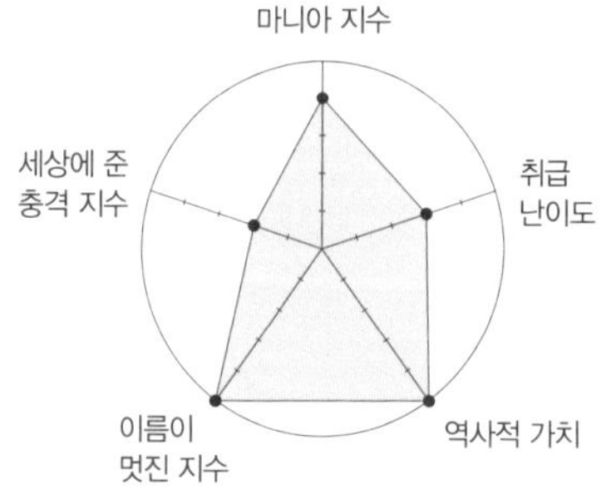
마니아 지수
취급
난이도
역사적 가치
이름이
멋진 지수
세상에 준
충격 지수

정식 명칭	에레키테르
특기	마찰로 정전기 일으키기
제조 연대	1776년

〈한 뼘 정보〉

에레키테르를 만든 히라가 겐나이는 이 밖에도 만보기와 나침반 등을 만들었다.

지
직
지
직
빙글
빙글
빙글
어때,
대단하지?
불꽃이 튀네~
찌릿
찌릿찌릿

쿵
그러지
말고
만져봐~
헉

지
직
지
직
비커 군,
한번 만져볼래?
아니요,
사양할래요~

지
직
아…
네.
빙글
빙글
빙글
간다~
됐어,
만져봐!

위에
올라타
봐.
알겠어요,
그럼…
뿅

살았다
휴,
저는 유리라서
전기가 안
통하나 봐요.
헐

덥석
으앗
~~~~!
~~~~

19세기가 되면서 전기는
드디어 움직이는 동전기
이른바 전류의 시대가 되었는데

그 계기가 바로
하지만

볼타 전지 군

아까
말했다시피
18세기까지
전기는 움직이지
않는 정전기를
의미했어.

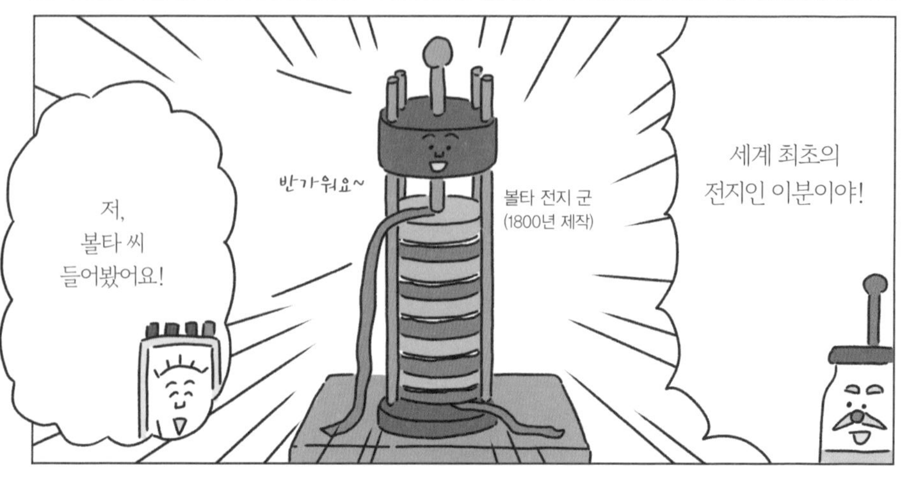
세계 최초의
전지인 이분이야!
반가워요~
볼타 전지 군
(1800년 제작)
저,
볼타 씨
들어봤어요!

이탈리아 물리학자이면서
전압의 단위 '볼트'의
유래가 된 분이죠?

너무 잘 알죠.
역시
전압계 군은
잘 아는구나.
아하~
알레산드로 볼타
(1745~1827)

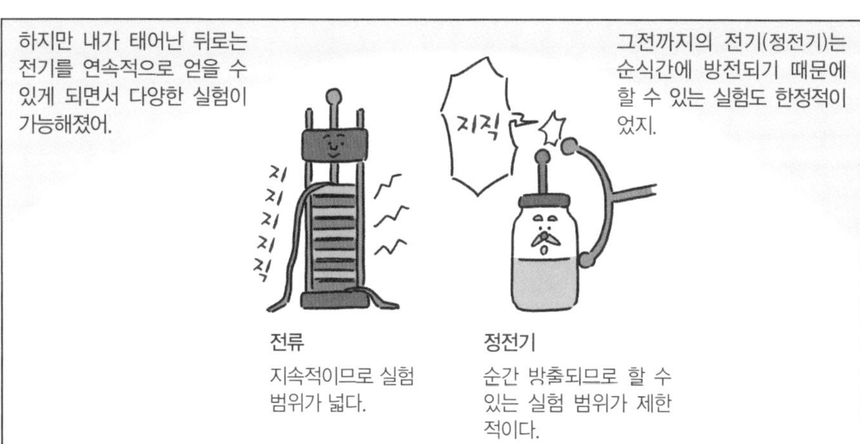
하지만 내가 태어난 뒤로는 전기를 연속적으로 얻을 수 있게 되면서 다양한 실험이 가능해졌어.
그전까지의 전기(정전기)는 순식간에 방전되기 때문에 할 수 있는 실험도 한정적이었지.
지지지지지직
지직
전류
지속적이므로 실험 범위가 넓다.
정전기
순간 방출되므로 할 수 있는 실험 범위가 제한적이다.

그 계기가 된 갈바니 씨를 절대 잊어선 안 돼.
그렇지~
갈바니 씨요?
볼타 씨가 전기의 세계를 획기적으로 넓혔다 해도 과언은 아니지.
볼타 씨 대단해요!

1791년 이탈리아 생물학자인 갈바니 씨는 개구리 해부 중에 굉장한 것을 발견했어.
!?
두 종류의 금속을 대면 이유는 모르겠지만 개구리 다리가 움직인다! 이건 대발견이야!
루이지 갈바니 (1737~1798)
해부 중인 개구리 다리
움찔
움찔

이건 분명히 동물의 몸 안에 전기가 축적되어 있다는 거야.
이름하여 동물전기!

동물전기는
당시 엄청난 지지를 받으면서
전기 연구의 핵심이 되었어.

그런데 반론을 제기한 사람이 바로 볼타 씨였어!
갈바니의 주장이 옳다고 생각했는데, 틀릴 수도 있겠어.
혀에다 두 종류의 금속을 대면 자극이 느껴져. 그러니까 중요한 건 '동물'이 아니라 '두 종류의 금속'이 아닐까?
찌리!
찌리!
녹일인 줄처가 50년 전에 했던 실험을 떠올리면서 직접 실험했다.

그 후 내가 만들어지면서 갈바니 씨의 주장이 틀렸다는 게 증명되었어.

내 구조를 간단히 설명하면

전자가 이동한다!

아연

구리

녹는다

소금물

아연이 소금물에 녹고 전자가 구리 쪽으로 이동하면서 전류가 발생한다.※

두 종류의 금속에 의해 전기가 생긴다는 것이 증명된 거야.

※ 발명 당시에는 아직 이 원리가 규명되지 않았다.

그 후 많은 과학자가 볼타 씨의 이론을 진전시켰는데

끄덕 끄덕

사실은 후일담 하나가 있어.

20세기에 들어서면서 신경과 근육은 전기신호로 움직인다는 사실이 밝혀졌지.

그러니까 갈바니 씨의 주장도 어느 정도 사실이었음이 인정된 거야.

갈바니 씨 명예회복!

볼타 전지 군

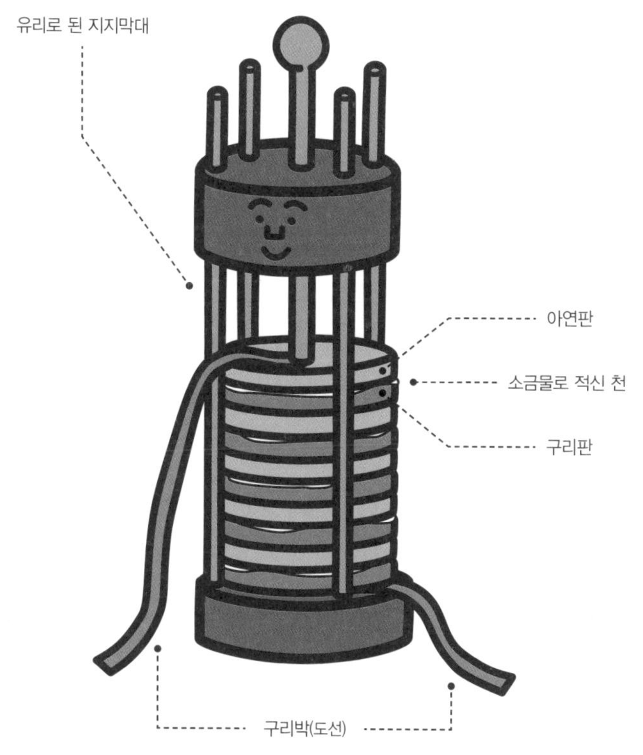
유리로 된 지지막대
아연판
소금물로 적신 천
구리판
구리박(도선)

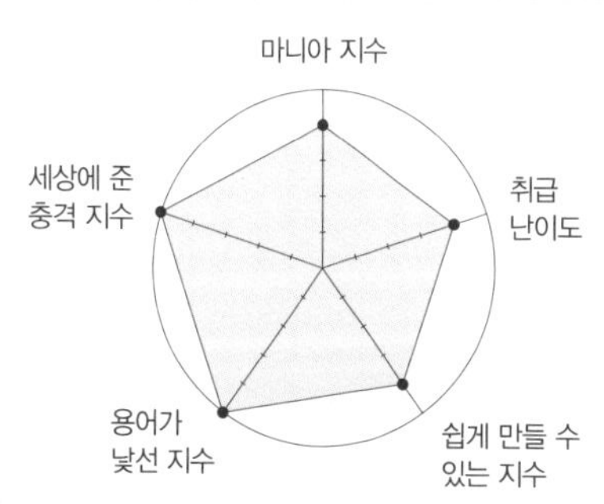
마니아 지수
취급
난이도
쉽게 만들 수
있는 지수
용어가
낯선 지수
세상에 준
충격 지수

정식 명칭 볼타 전지
특기 전기 만들기
제조 연대 1800년

〈한 뼘 정보〉

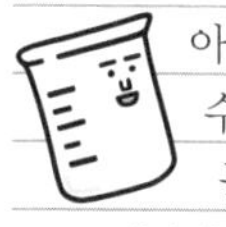

아연판과 구리판의 개수가 늘어날수록 전압이 높아지는데, 너무 늘리면 그 무게로 소금물이 새어나가면서 작동하지 않게 된다.

야이 건전지 군
(1887년~)
그냥 전지도
아니고
난
건전지야!
세계 최초의
건전지라는
이야기도 있어.
세계
최초요?!

야이 건전지 군

전지의
역사는
길구나.
잠깐.
역사적으로
중요한 전지가
또 하나 있어.
끄덕
끄덕

라이덴병 아저씨는 자기 자리로 돌아갔다.

햇볕에 말리기
만들 때
말리니까?
내가
건어물이냐?

그런데 비커 군.
왜 '건전지'라고
하는지 알고 있니?
네?
글쎄요…

정말요?
응?
그러면 차라리
고형전지라든지
고전지라고 하는 게
낫지 않나요?
발음하기
편한 것도
있고
여러 가지
이유가
있지…

19세기 후반에
자주 사용되던 전지
내부에 액체
(염화암모늄 수용액)가
들어 있다.
야이 건전지
액체가 아닌
고체 형상

건전지가
발명되기 이전의
전지에는
내부에 액체가
들어 있었거든.
이런 걸
습전지라고 해.
그런데
나는 안에
액체가 없기 때문에
'건조한 전지'라는
뜻에서
'건전지'라고
하는 거지.

발명가를 꿈꾸던 야이 사키조 씨는 고생 끝에 전지로 작동하는 시계를 발명했어. 이때 출원한 특허는 일본 최초의 '전기 관련 특허'가 되었어(99쪽 참조).
1891년 특허 취득

그것보다 나를 만든 야이 사키조 씨 이야기를 들어봐.
야이 사키조 (1863~1927)
야

야이 씨는 판매 부진의 원인이 전지라고 생각했어. 당시의 전지는 안에 액체가 들어 있어서 불편했거든.
액체가 새고
겨울엔 얼어버리고
전지를 개량하면 시계가 잘 팔릴 거야!

그런데 시계가 하나도 안 팔렸어.
좌절
비싼 돈 내고 특허까지 땄는데.
20대 후반의 야이 사키조

인생사 새옹지마야.
그럼. 전쟁에서 휴대용 전등, 통신기에 쓰였다는 게 소문이 나면서 많이 팔렸지.
전쟁 때문에 잘 팔리다니 좀 슬프네요.

그래서 야이 건전지 군은 잘 팔렸나요?
그래서 태어난 게 바로 나야.
그랬군요

야이 건전지 군

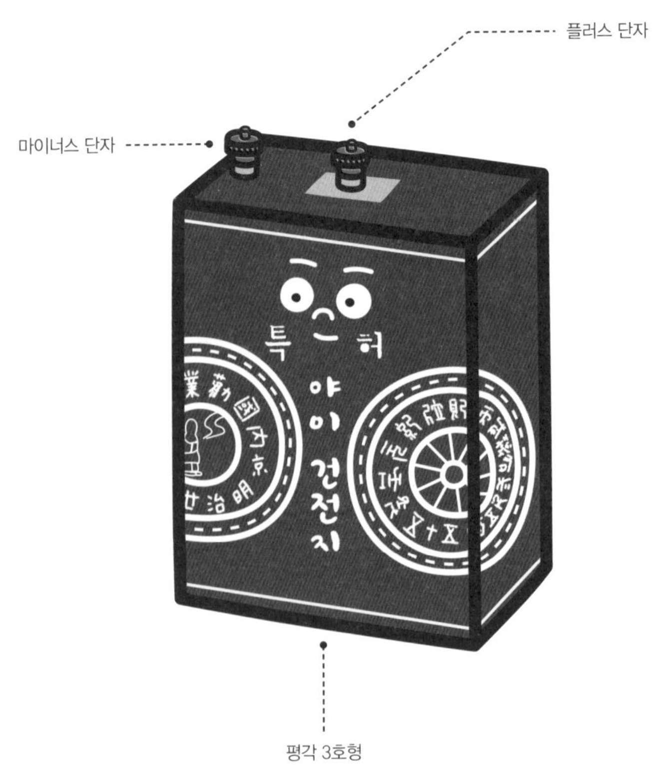
플러스 단자
마이너스 단자
특허
야이 건전지
평각 3호형

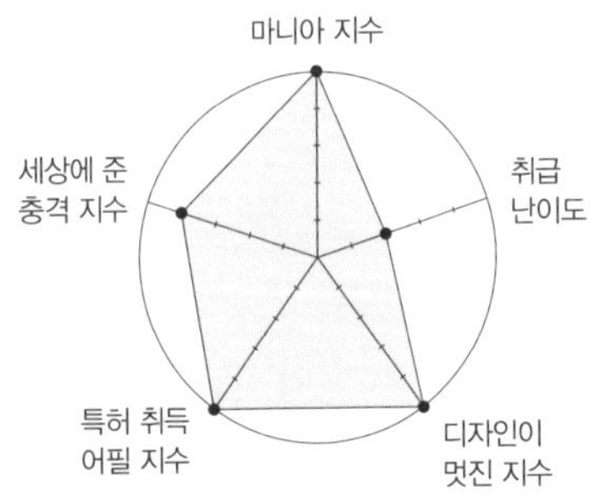
마니아 지수
세상에 준
충격 지수
취급
난이도
특허 취득
어필 지수
디자인이
멋진 지수

정식 명칭	야이 건전지
특기	연속으로 전기 만들기
제조 연대	1887년

〈한 뼘 정보〉

시기로 보면 세계 최초의 건전지로 볼 수 있으나, 발명 후 바로 특허를 얻지 못하여 세계 최초로는 인정되지 않고 있다.

야이 사키조가 전지로 움직이는 시계를 제작하게 되기까지

1 고등공업학교 입학시험에 실패

충격

2 1년 동안 열심히 공부(나이 제한으로 이번이 마지막 기회)

열공
열공

3 시험 당일 늦잠을…

헉!!

4 급하게 시험장까지 뛰어가 겨우 도착했는데

허겁
지겁
깨자마자 시계를 봤더니 아슬아슬하게 도착할 것 같았어.

5 얼핏 봤던 집의 태엽 시계는 5분 늦게 가고 있어 결국 지각했다!※

철컹
출입금지
정말?!

6 전지식 시계를 제작하기로 결심!

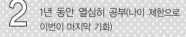

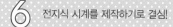

전지 시계를 만들어서 더는 이런 불행이 없게 하겠어!

※ 비슷하게 지각한 사람이 무려 25명이나 있었다.

후~ 살았다.
좀 헤맸거든.
어서 와
헉
헉

저도 같이
들을래요!
다 다다 다 다
네오디뮴
자석 군!

KS 자석강 씨

이제 마지막
관람실이구나.
오,
왔구나.
내 이름은
…
잠깐만!!
그러네~

이분은
KS 자석강 씨이고,
20세기 초에
태어난 당시
세계 최강의
자석으로
일본 자석의
시초라고
평가받는
분이셔.
하 하 하

KS 자석강 씨
(1917년 제작)

네오디뮴
자석이면
내 후배겠군.
그럼
선배님도
자석이세요?
맞아,
비커 군!

근데 혼다 고타로면
자석 이름이
KH일 거 같은데
왜 KS예요?

발명자는
일본의
문화훈장
첫 수상자이신
혼다 고타로 씨!
자나 깨나 연구!
혼다 씨는
실험광
이셨구나.

혼다 고타로(1870~1954)

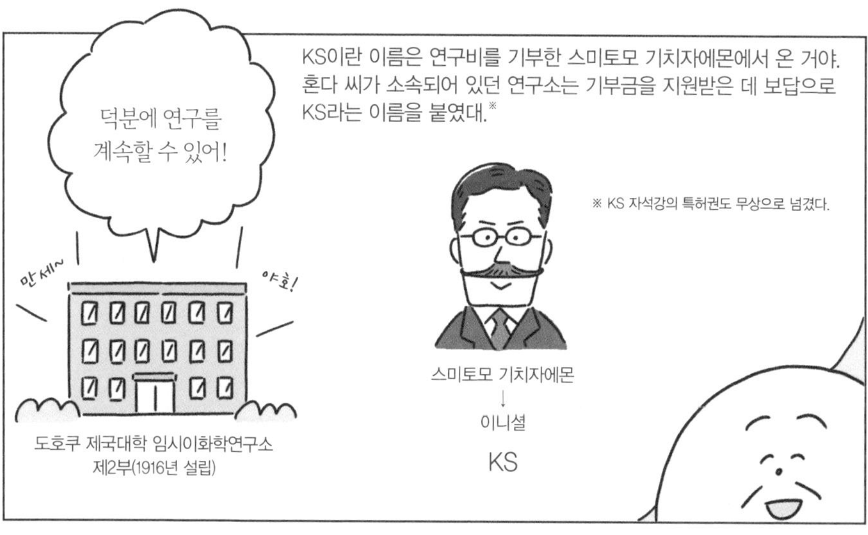
KS이란 이름은 연구비를 기부한 스미토모 기치자에몬에서 온 거야. 혼다 씨가 소속되어 있던 연구소는 기부금을 지원받은 데 보답으로 KS라는 이름을 붙였대.※
덕분에 연구를 계속할 수 있어!
만세~
야호!
도호쿠 제국대학 임시이화학연구소 제2부(1916년 설립)
※ KS 자석강의 특허권도 무상으로 넘겼다.
스미토모 기치자에몬
↓
이니셜
KS

연구소가 생긴 지 얼마 안 되었을 때 군부가 요청을 해왔어.
전쟁 때문에 자석강을 수입하기가 어려워요. 국내에서 제조할 수 없을까요?※
어쩔 수 없지. 이것도 연구니까.
한번 해보겠습니다
← 군 관계자
사실은 난 전쟁 때문에 만들어졌단다.
역시 전쟁 때문에…

※발전기와 모터를 만드는 데 필요했다.

그 결과 내가 태어났지.
해냈어!
와~
와~
오~
이렇게 연구가 시작되었지만 많은 어려움이 있었어. 다양한 원소와 철을 혼합하여 1500℃ 이상에서 녹여 냉각, 담금질 등의 여러 공정을 거친 후 하나하나 성능을 점검하는 작업을 혼다 씨와 연구원들은 끊임없이 반복했어.
용광로(1500℃ 이상)
활활
활활
열기를 최대한 피하기 위해 소방복을 입었다.

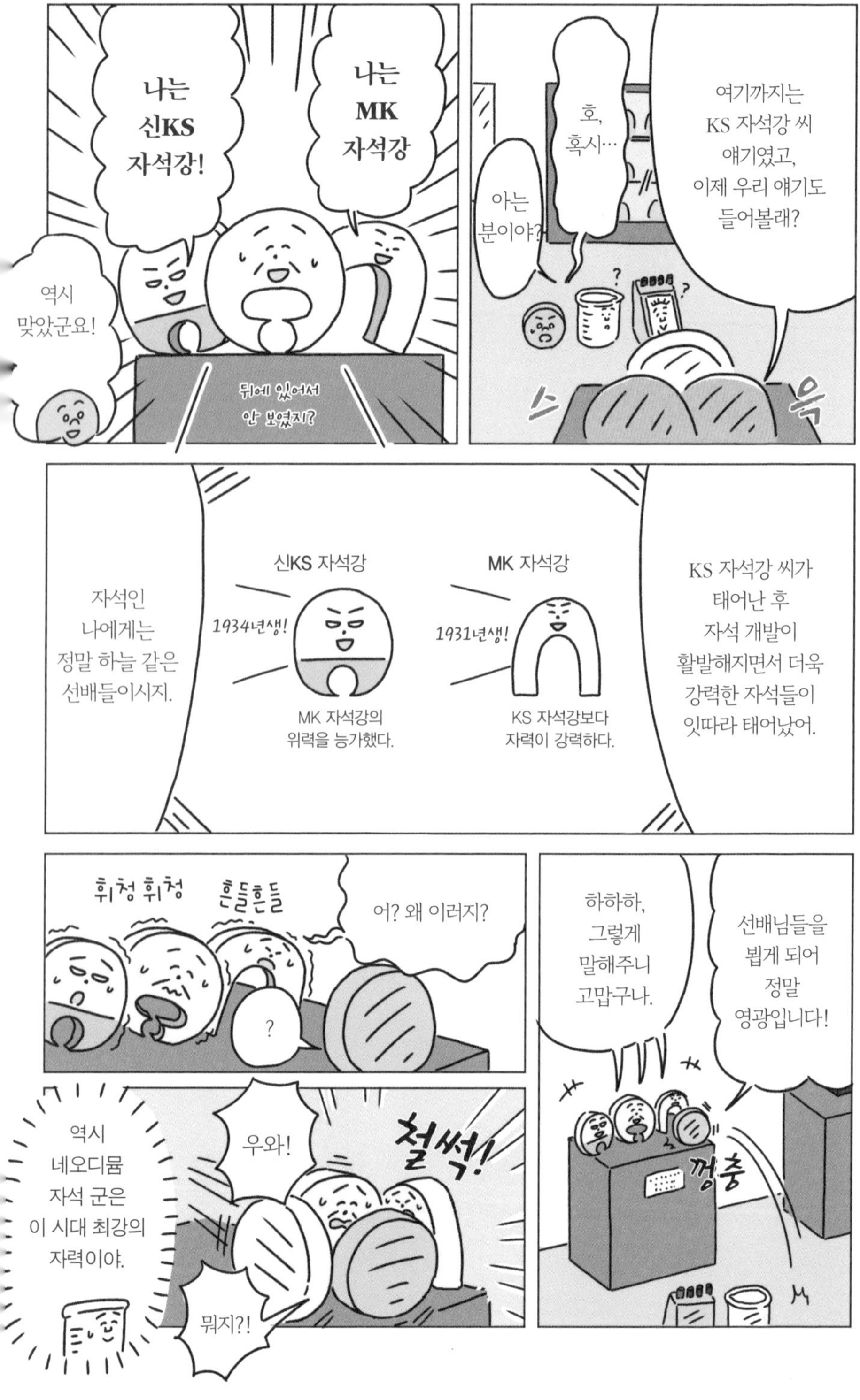

나는 신KS 자석강!

나는 MK 자석강

역시 맞았군요!

뒤에 있어서 안 보였지?

여기까지는 KS 자석강 씨 얘기였고, 이제 우리 얘기도 들어볼래?

호, 혹시…

아는 분이야?

?

?

스

윽

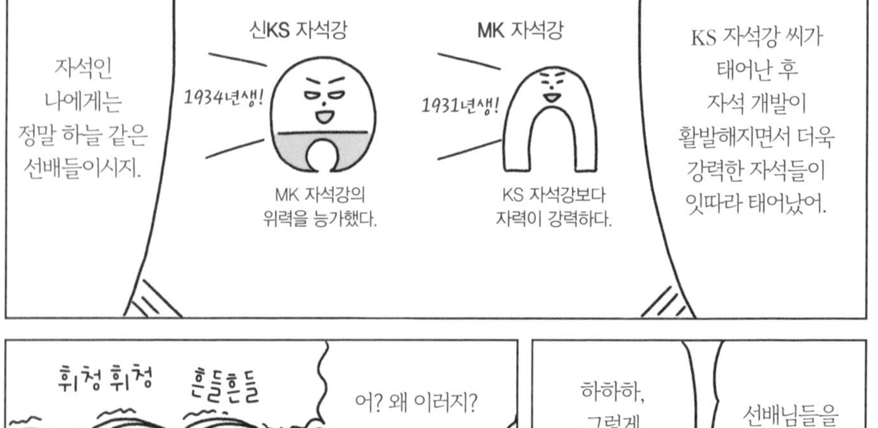
자석인 나에게는 정말 하늘 같은 선배들이시지.
신KS 자석강
1934년생!
MK 자석강의 위력을 능가했다.
MK 자석강
1931년생!
KS 자석강보다 자력이 강력하다.
KS 자석강 씨가 태어난 후 자석 개발이 활발해지면서 더욱 강력한 자석들이 잇따라 태어났어.

휘청 휘청
흔들흔들
어? 왜 이러지?
?
역시 네오디뮴 자석 군은 이 시대 최강의 자력이야.
우와!
철썩!
뭐지?!

하하하, 그렇게 말해주니 고맙구나.
선배님들을 뵙게 되어 정말 영광입니다!
껑충

자석강 트리오

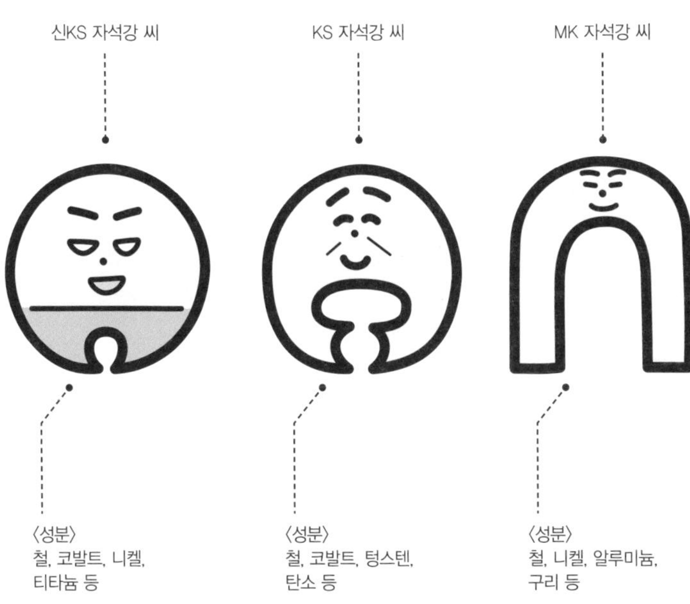
신KS 자석강 씨
KS 자석강 씨
MK 자석강 씨
〈성분〉
철, 코발트, 니켈,
티타늄 등
〈성분〉
철, 코발트, 텅스텐,
탄소 등
〈성분〉
철, 니켈, 알루미늄,
구리 등

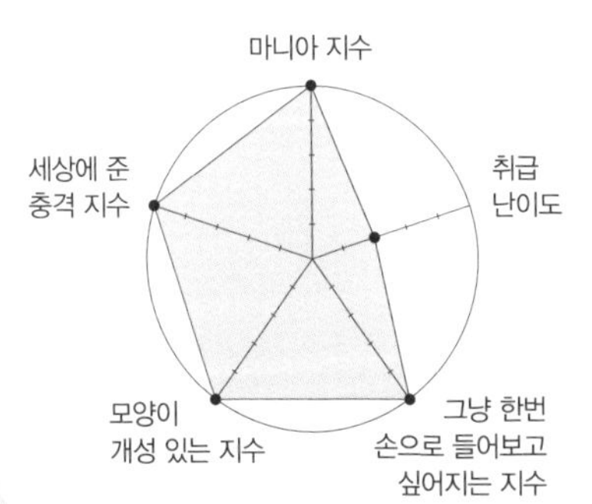
마니아 지수
취급
난이도
그냥 한번
손으로 들어보고
싶어지는 지수
모양이
개성 있는 지수
세상에 준
충격 지수

정식 명칭	KS 자석강, MK 자석강, 신KS 자석강
특기	일부 금속을 끌어당기기
제조 연대	각각 1917년, 1931년, 1934년

〈한 뼘 정보〉

KS 자석강을 제작해낸 연구소는 금속재료연구소라는 이름으로 지금도 여전히 활발하게 연구하고 있다.

그 밖의
선배들

17~19세기에 활약한 전자기와 관련된 기구들

전지식 에레키테르

19세기 중반 일본의 사상가 사쿠마 쇼잔이 제작했다. 그는 일본 최초로 전지를 만든 인물로 알려져 있다.

윔즈허스트 감응 기전기

19세기 후반 영국에서 발명되었다. 알루미늄 조각을 붙인 원판을 반대 방향으로 회전시켜서 고전압을 만들어낸다.

웨스턴 표준 전지

정밀한 전기 계측기를 개발하려면 정확하고 안정된 전압이 필요한데 이러한 전압을 만들어내는 전지. 19세기 말부터 약 100년 동안 국제표준으로 사용되었다.

GS 축전지

1895년 시마즈 제작소 2대 사장인 시마즈 겐조가 만들어낸 일본 최초의 납축전지. GS는 시마즈 겐조의 이니셜에서 따왔다.

정말 다양해서
재미있네~

게리케의 황구

황으로 만든 구를 회전시켜서 정전기를 만들어내는 기구. 17세기 중반 독일의 게리케가 제작했다.

볼타의 검전기

물체가 전기를 띠고 있는지를 금속박의 개폐 여부로 조사하는 기구. 18세기 후반 볼타가 제작했다.

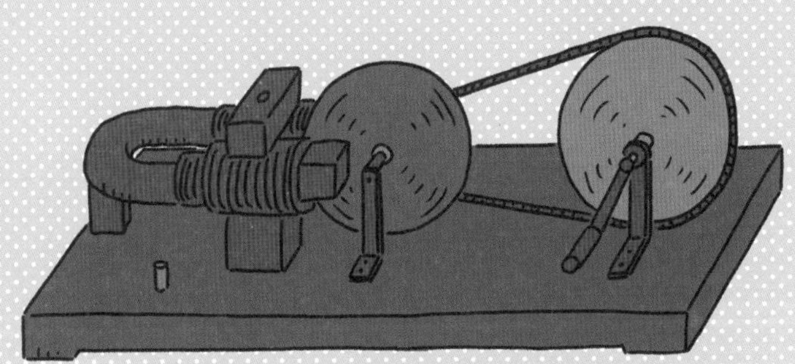

패러데이의 원반 발전기

1831년 전자기유도※ 법칙의 발견에 따른 실험으로부터 고안된 기구. 세계 최초의 발전기로 알려져 있다.

※ 코일에 자석을 가까이 대거나 멀리할 때 코일에 전류가 흐르는 현상을 말한다.

04

선배들에 얽힌 추억 이야기

지금은 편의점에서 누구나 손쉽게 살 수 있는 건전지는 주머니에도 넣을 수 있는 위대한 전원입니다. 하지만 볼타 전지 시대의 전지란 무지막지하게 크고 무겁기만 한 애물단지였습니다. 실제로 만들어보면 알 수 있는데(굳이 안 만들어도 알 수 있음) 아연판과 구리판이 꽤 무겁습니다. 게다가 실험하고 물로 잘 닦아내지 않으면 금속판에 금세 녹이 슬어서 쓸모없어지고(둘 다 비싼 금속이어서 버리기가 아까움), 그 주변도 소금물(또는 묽은 황산) 때문에 끈적거립니다. 건전지를 개발해낸 사람이 얼마나 위대한지를 금방 알 수 있습니다.

화제를 자석으로 바꾸어서, 이미 말했다시피 근대 자석강은 대부분 일본에서 개발되었습니다. 냉장고 자석으로 쓰이는 저렴한 페라이트 자석은 도쿄공업대학에서 연구를 통해 1937년 탄생했고, 현재 세계 최강인 네오디뮴 자석도 스미토모금속이라는 회사에서 1982년에 만들어냈습니다. 그야말로 자석 강국인 셈이죠.

이런 얘기를 듣고 있으면 여러분도 한번쯤 자석을 만들어보고 싶어지죠? (아닌가요?) 사실 KS 강 등의 자석강이나 페라이트 재료는 모두 제조된 시점에서는 자석이 아닙니다. 제조 후 강력한 자기장 속에 넣는 '착자' 공정을 거쳐야 자석이 됩니다. 못을 강력한 자기장 속에 넣어두면 자석으로 만들 수 있는데요. 문제는 강력한 자기장을 어디서 찾느냐, 입니다.

그래서 저는 에나멜선으로 감은 코일(전자석)에 못을 끼우고 에나멜선 끝을 콘센트에 꽂았어요(절~~대로! 따라 하지 마세요! 매우 위험합니다!). 그러자 갑자기 불꽃이 튀고 코일이 불타면서 하마터면 불이 날 뻔했습니다. 감전되지 않은 게 천만다행이었어요(다시 말하지만 정말 위험합니다!).

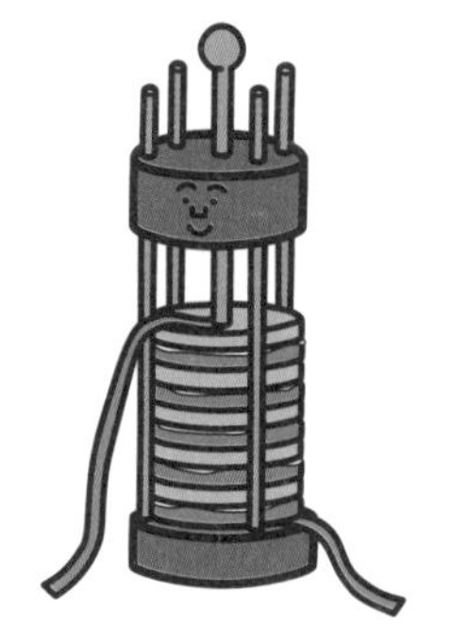

요즘은 전기가 우리 가까이에 있으면서 사용하기 편리한 에너지가 되었지만 부주의하게 다루는 건 정말 위험합니다. 프랭클린의 연날리기 실험으로 알 수 있듯이 충분한 주의와 적절한 지도가 반드시 필요합니다. 전기는 짧은 시간에 큰 에너지를 내는 폭발적인 힘을 갖고 있다는 사실을 잊지 마세요.

CHAPTER 5

진공·빛과 관련된 선배들

진공·빛과 관련된 선배들

진공과 빛
이번엔 이 방이야.

진공에 빛이라…
왠지 어려울 것 같아.

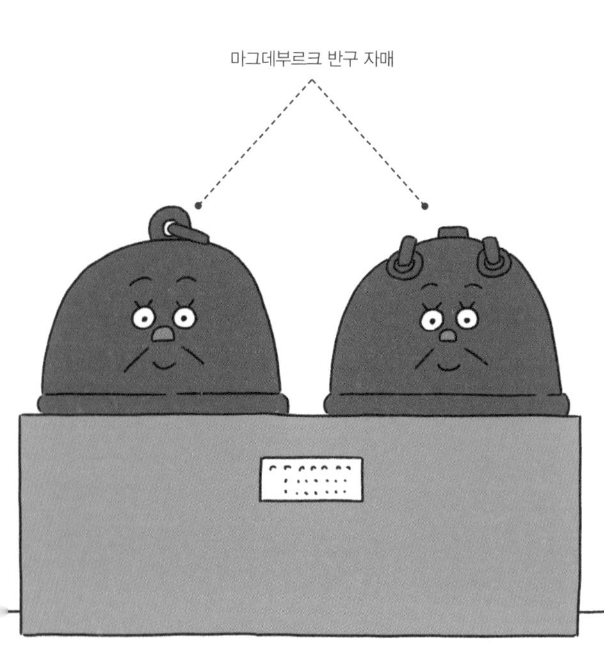
마그데부르크 반구 자매

아스피레이터 군이야 흡인여과라서 진공에 관한 거지만 아기 꼬마전구도 진공이랑 관련이 있니?
덜덜덜덜덜덜
쏴아
공기가 빨려 들어간다

앗, 고무관 군과 아스피레이터 군이다.
오호, 이분들이…

쪽쪽…
어라, 아기 꼬마전구네?

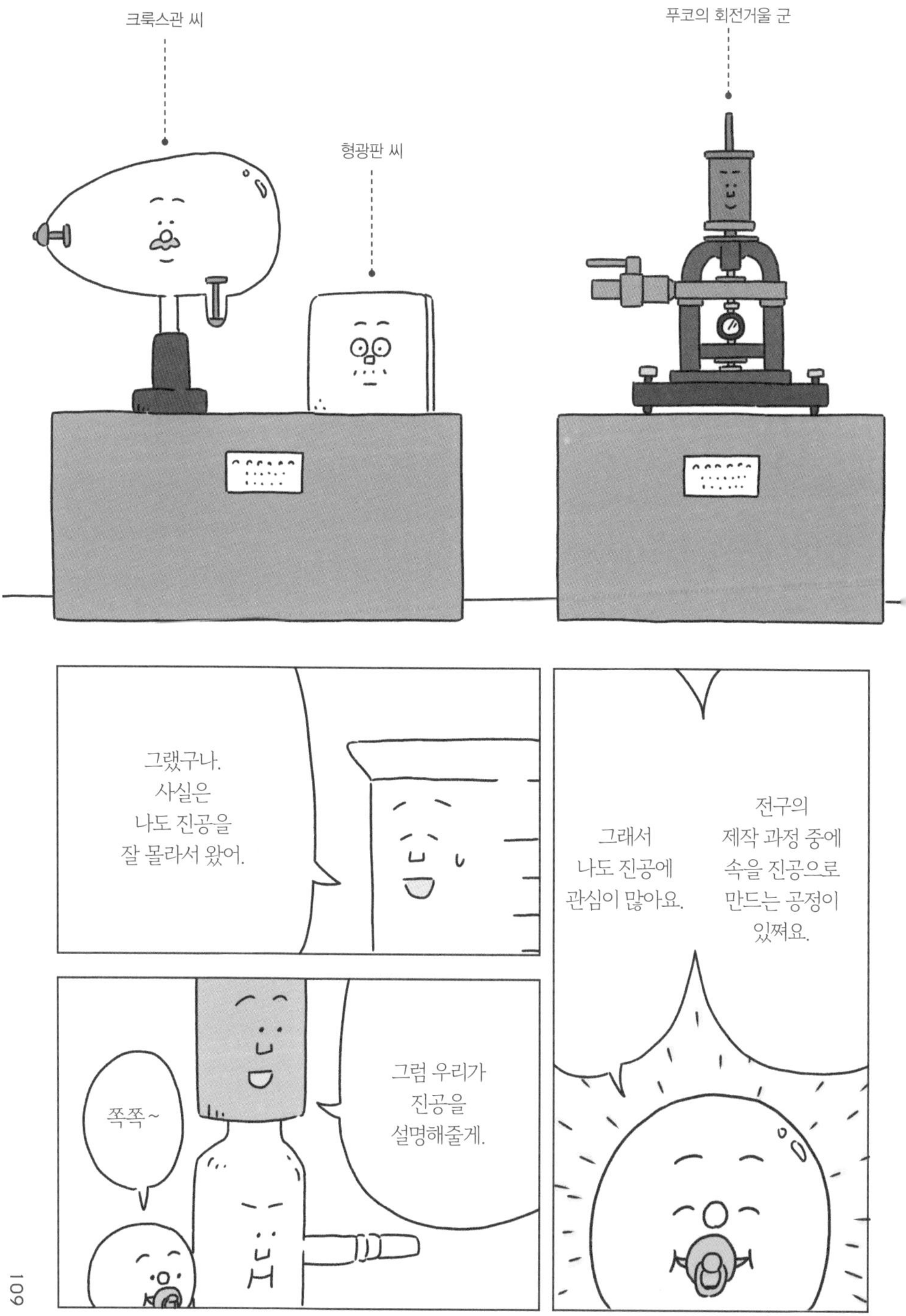

크룩스관 씨
형광판 씨
푸코의 회전거울 군

그랬구나.
사실은
나도 진공을
잘 몰라서 왔어.

그래서
나도 진공에
관심이 많아요.

전구의
제작 과정 중에
속을 진공으로
만드는 공정이
있쪄요.

쪽쪽~

그럼 우리가
진공을
설명해줄게.

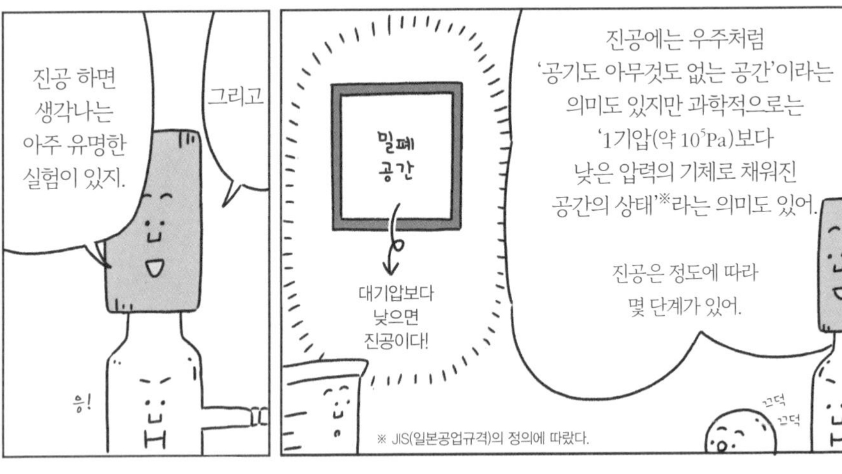
진공 하면
생각나는
아주 유명한
실험이 있지.
그리고
응!
밀폐
공간
대기압보다
낮으면
진공이다!
진공에는 우주처럼
'공기도 아무것도 없는 공간'이라는
의미도 있지만 과학적으로는
'1기압(약 10^5Pa)보다
낮은 압력의 기체로 채워진
공간의 상태'※라는 의미도 있어.
진공은 정도에 따라
몇 단계가 있어.
끄덕
끄덕
※ JIS(일본공업규격)의 정의에 따랐다.

오토 폰 게리케
(1602~1686)
우리를 만든
게리케 씨는
그 도시의
시장님이셨어.
마그데
부르크는
독일의 도시
이름이야.
끄덕
끄덕
시장님이라고?

그 실험의
주인공이
바로
이분들
마그데부르크
반구라고 해~
마그데
부르크?

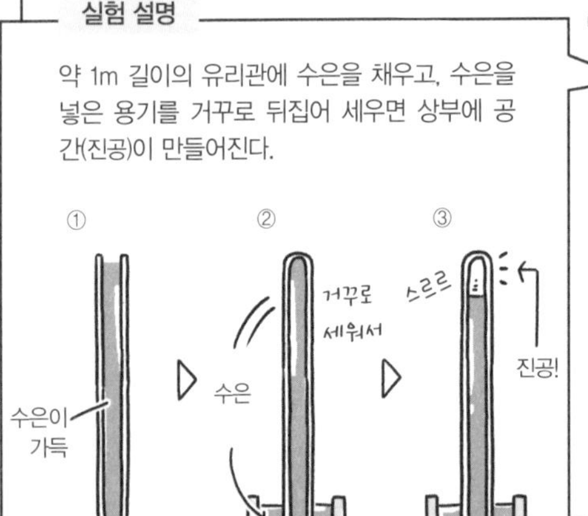
실험 설명
약 1m 길이의 유리관에 수은을 채우고, 수은을 넣은 용기를 거꾸로 뒤집어 세우면 상부에 공간(진공)이 만들어진다.
①
수은이
가득
②
거꾸로
세워서
수은
③
스르르
진공!

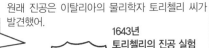

원래 진공은 이탈리아의 물리학자 토리첼리 씨가 발견했어.
1643년
토리첼리의 진공 실험
오오!
이 부분은 진공인
게 틀림없어!
수은
토리첼리(1608~1647)

진공을
만들어낼 수
있다면
이제껏 못했던
실험이 가능해질
거야.
슉 슉
슉 슉
금속구
이를
사용하면
진공 상태를
쉽게 만들 수
있어요.
틈틈이 연구한 게리케 시장님은 세계 최초로 진공펌프를 만드는 데 성공했어.
소화기 펌프를
개량해서
만들었지.

움푹
됐다!
이 금속 구
안은
진공…
쭈글쭈글
움푹
움푹
앗!
그렇군.
진공을 견디지 못해서 찌그러진 거야.
그렇다면 틀림없이 안의 공기는 다 빠져나갔겠지.
더 견고한 구를 만들어야겠군!

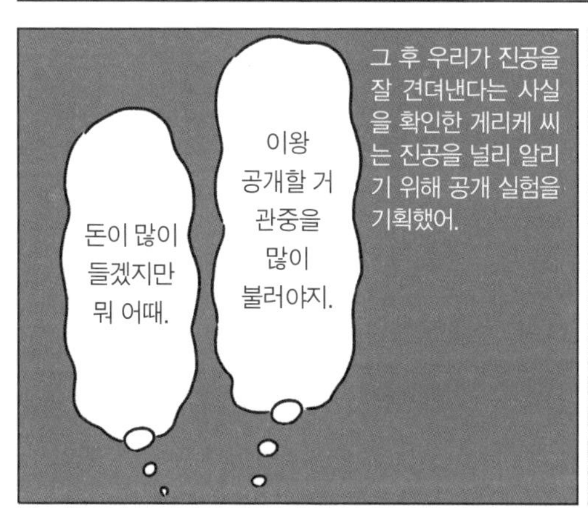
그 후 우리가 진공을 잘 견뎌낸다는 사실을 확인한 게리케 씨는 진공을 널리 알리기 위해 공개 실험을 기획했어.
이왕
공개할 거
관중을
많이
불러야지.
돈이 많이
들겠지만
뭐 어때.

그렇게 우리가 탄생하게 되었답니다!
호호호,
우린 정말 튼튼해!

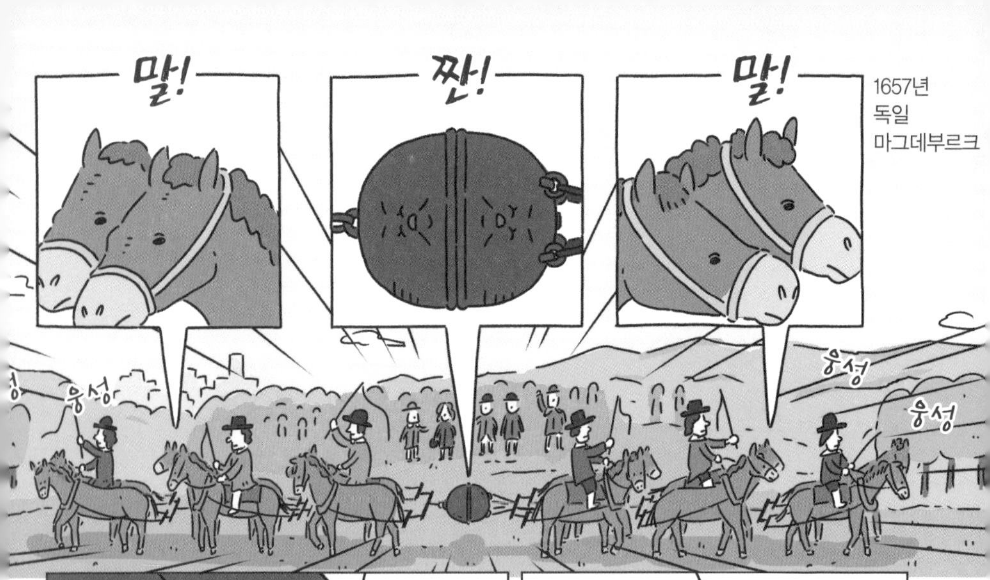

말!

짠!

말!

1657년
독일
마그데부르크

웅성

웅성

웅성

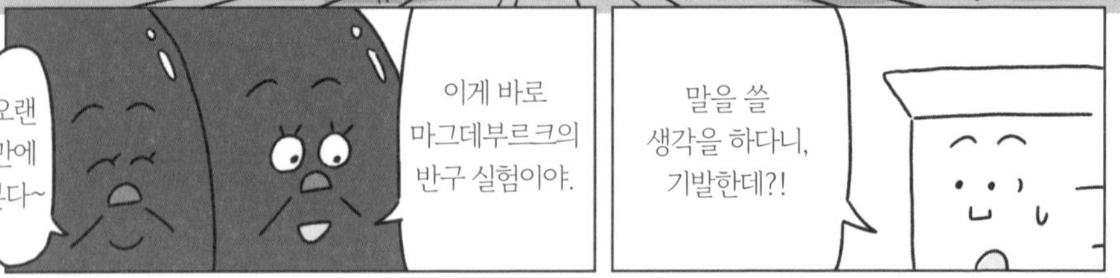

오랜 만에 본다~

이게 바로 마그데부르크의 반구 실험이야.

말을 쓸 생각을 하다니, 기발한데?!

꿀꺽
진공이 얼마나 강력한지를 증명하는 게 핵심인 실험이었지.
그리고 그 결과

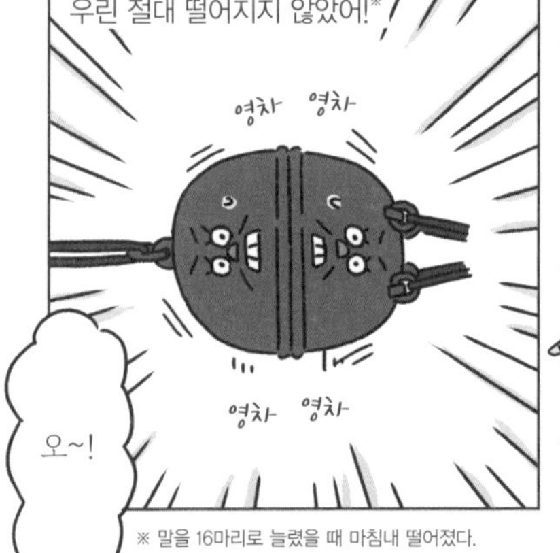
우린 절대 떨어지지 않았어!※
영차 영차
영차 영차
오~!

※ 말을 16마리로 늘렸을 때 마침내 떨어졌다.

마그데부르크의 반구 실험

순서 ①
미리 반구 속의 공기를 빼낸다.

슉 슉

순서 ②
반구에 밧줄을 잇고 말에 연결한다.

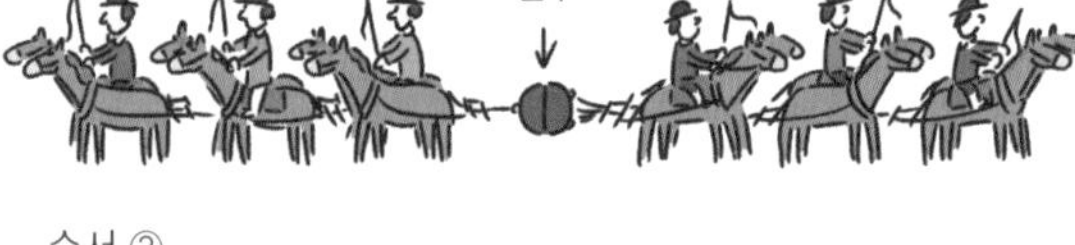
반구

순서 ③
말로 반구를 잡아당긴다.

히히히~잉!

반구

히히히~잉!

진공이
없어지면
이렇게 쉽게
열립니다!
쩍
신기해!
짝짝짝
어떻게?!

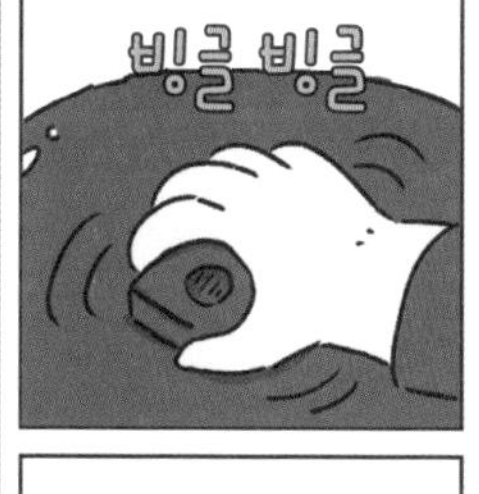
빙글 빙글

슈욱
푸식

실험 후
그러면 말도
떼어내지
못한 걸
제가
떨어뜨려
보겠습니다!
웅성
웅성
웅성
웅성

그 후 이 실험이 널리
알려지면서 세계 각지에서
진공펌프 개발이 이루어졌고
신공기술이 발전했지.
그랬군요~

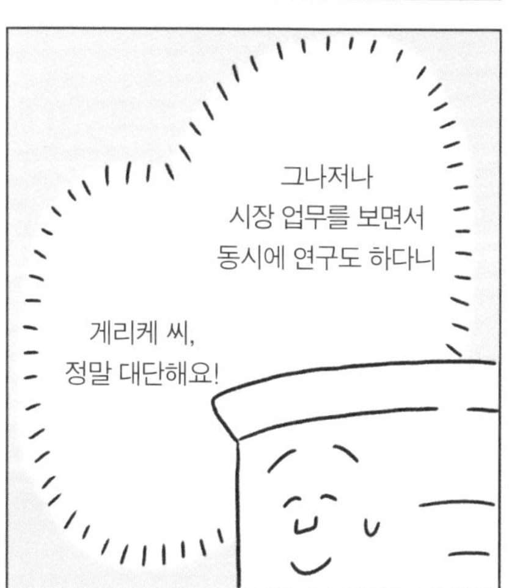
그나저나
시장 업무를 보면서
동시에 연구도 하다니
게리케 씨,
정말 대단해요!

원리 해설

① 안을 진공으로 만들면 외부로부터의 압력(대기압)만 작용하여 열리지 않는다.

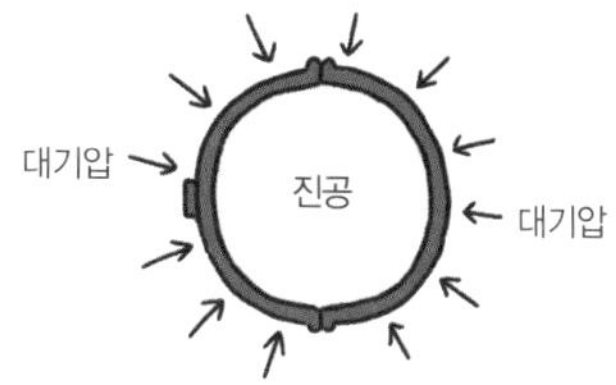
대기압
진공
대기압

② 콕을 돌려 내부에 공기가 들어가면 원래 상태로 돌아간다.

슈욱
내부 압력이
외부와
같아진다.

③ 내부와 외부의 압력 차이가 없어지면서 쉽게 열린다.

쩍

마그데부르크 반구 자매

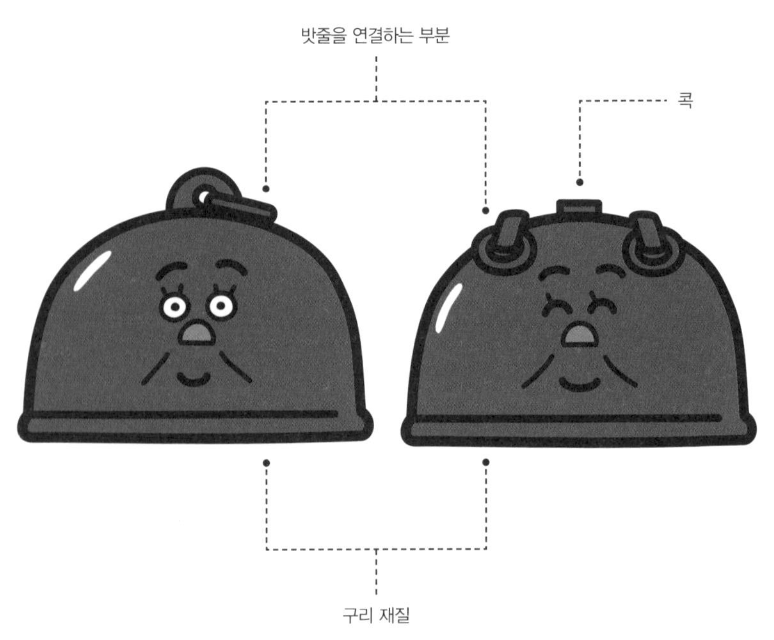
밧줄을 연결하는 부분
콕
구리 재질

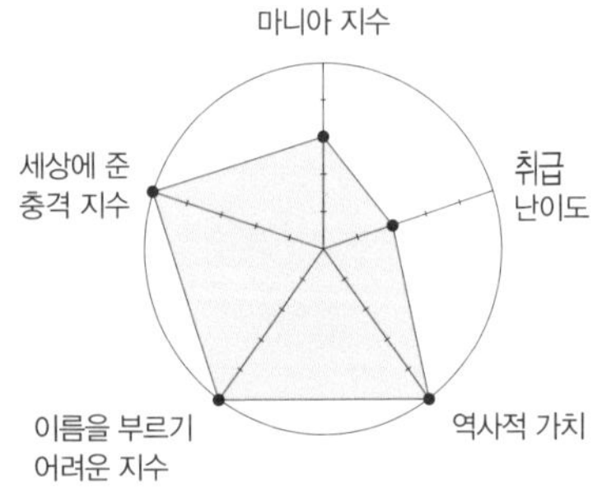
마니아 지수
취급 난이도
역사적 가치
이름을 부르기 어려운 지수
세상에 준 충격 지수

정식 명칭	마그데부르크 반구
특기	진공 견뎌내기
제조 연대	17세기 중반

〈한 뼘 정보〉

제작자 게리케의 집안은 양조장을 운영하고 있었다. 그래서 첫 진공 실험 용기로 양조용 통을 사용했다.

그 밖의
선배들

진공과 관련된 기구들

시마즈 제작소의 배기기

1880년경 지금의 시마즈 제작소가 만든 진공펌프. 펌프를 상하로 움직이면 오른쪽 유리 용기 안의 공기가 빠져나간다.

보일의 진공펌프

게리케의 실험에 자극받은 영국의 물리학자 로버트 보일이 제작한 펌프. 위쪽의 유리 용기에 실험재료를 넣는 구조로 되어 있다.

수은 회전펌프

독일의 물리학자 게데가 1905년 발명했다. 모터를 구동해 10^{-6}mmHg의 고진공을 구현해낸다.

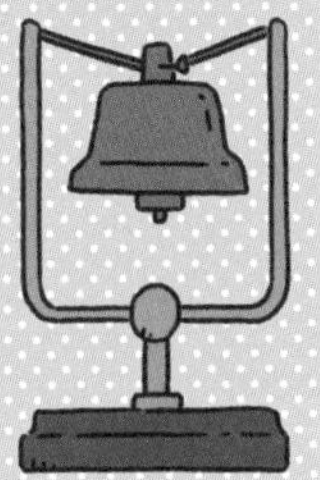

진공 종

진공 상태에서 종이 울리면 진공에서는 소리가 전달되지 않는 것을 증명하는 도구이다.

내 특기는 빛을 실험하는 거야.
푸코의 회전거울 님이세요!

푸코의 회전거울 군

진공의 힘이 참 어마어마하구나.
그러게~
다음 선배님도 대단한 분이세요!

난 회전하는 거울을 이용해서 빛의 속도를 조사해냈어.
빛의 속도요?

빛과 회전거울이라… 거울에 빛을 반사하나?
비커 군, 바로 그거야!

프랑스의 물리학자
아르망 피조
(1819~1896)

관측 지점에서 나간 빛이 멀리에서 반사되어 다시 되돌아오기까지의 시간을 계측했다.

그 결과

31만km/s
(오차※4.4%)

덴마크의 천문학자
올레 뢰머
(1644~1710)

1676년 목성의 위성이 주기적으로 움직이는 것을 관측해서 계산했다.

그 결과

22만km/s
(오차 29%)

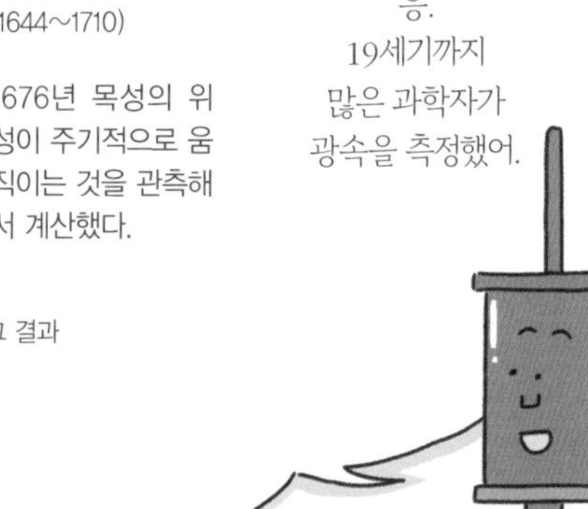
응. 19세기까지 많은 과학자가 광속을 측정했어.

※ 현재의 측정치(광속의 정의) 299792458m/s와 비교할 때의 오차

당시로는 매우 정확한 수치를 유도해내는 데 성공했어!
그 오차는 무려 0.6%!
대단해!

광속은 29.8만km/s!
레온 푸코 (1819~1868)
그리고 그들 중의 하나가 우리를 만들어낸 프랑스의 물리학자 푸코 씨야. 1862년 나를 이용한 실험으로 얻어낸 결과,

그리고 이건 그때의 실험배치도야.

푸코의 광속 측정 실험배치도

광원에서 나오는 빛이 회전거울에 반사된 다음 반사거울에 도달하면 또다시 회전거울 및 광원(관측부)으로 되돌아오도록 배치한다.

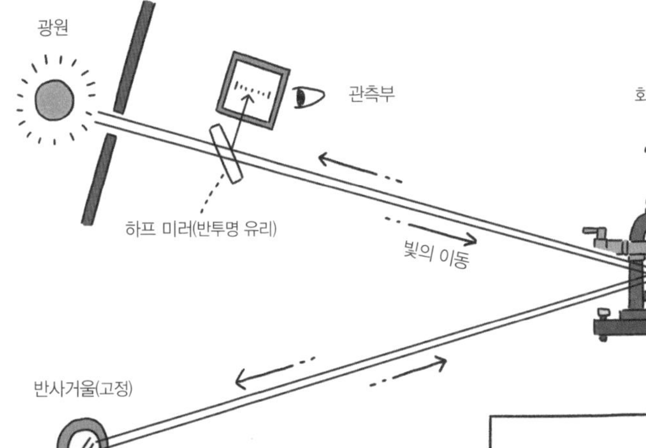
광원
관측부
하프 미러(반투명 유리)
빛의 이동
회전거울
반사거울(고정)

실험은 내 거울이 회전하면서 시작되지.

공기를 일정하게 주입해서 일정한 속도로 거울이 회전하는 원리이다.

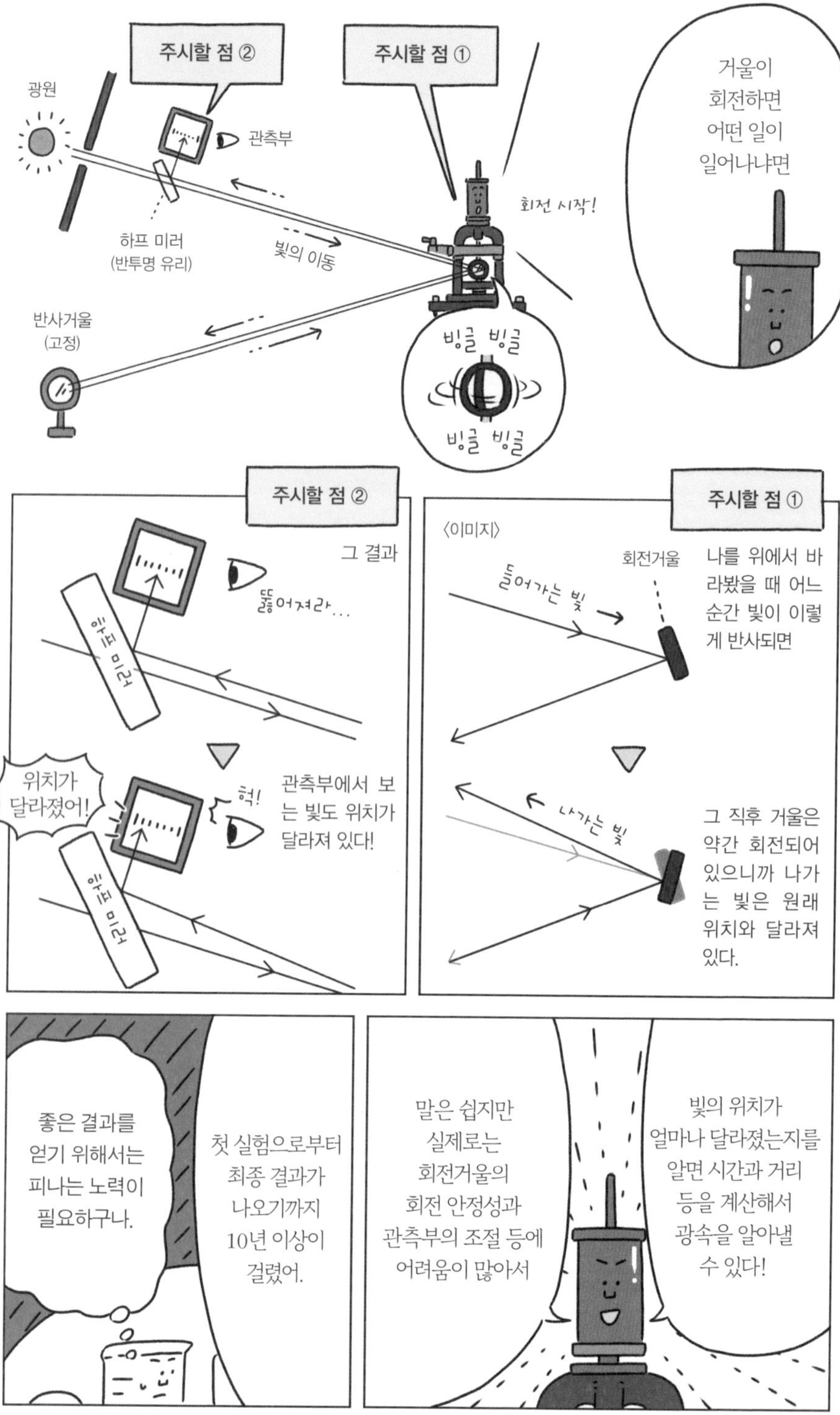

주시할 점 ②

주시할 점 ①

광원

관측부

하프 미러
(반투명 유리)

빛의 이동

반사거울
(고정)

회전 시작!

빙글 빙글

빙글 빙글

거울이
회전하면
어떤 일이
일어나냐면

주시할 점 ②

그 결과

뚫어져라…

하프 미러

위치가
달라졌어!

헉!

관측부에서 보는 빛도 위치가 달라져 있다!

주시할 점 ①

〈이미지〉

회전거울

나를 위에서 바라봤을 때 어느 순간 빛이 이렇게 반사되면

들어가는 빛

나가는 빛

그 직후 거울은 약간 회전되어 있으니까 나가는 빛은 원래 위치와 달라져 있다.

첫 실험으로부터
최종 결과가
나오기까지
10년 이상이
걸렸어.
좋은 결과를
얻기 위해서는
피나는 노력이
필요하구나.

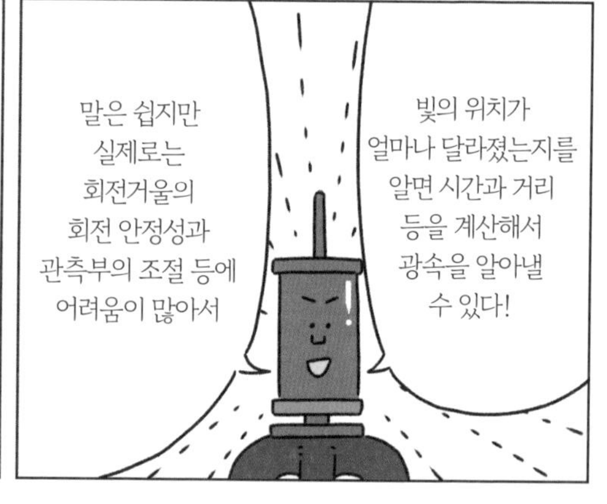

빛의 위치가
얼마나 달라졌는지를
알면 시간과 거리
등을 계산해서
광속을 알아낼
수 있다!
말은 쉽지만
실제로는
회전거울의
회전 안정성과
관측부의 조절 등에
어려움이 많아서

푸코의 회전거울 군

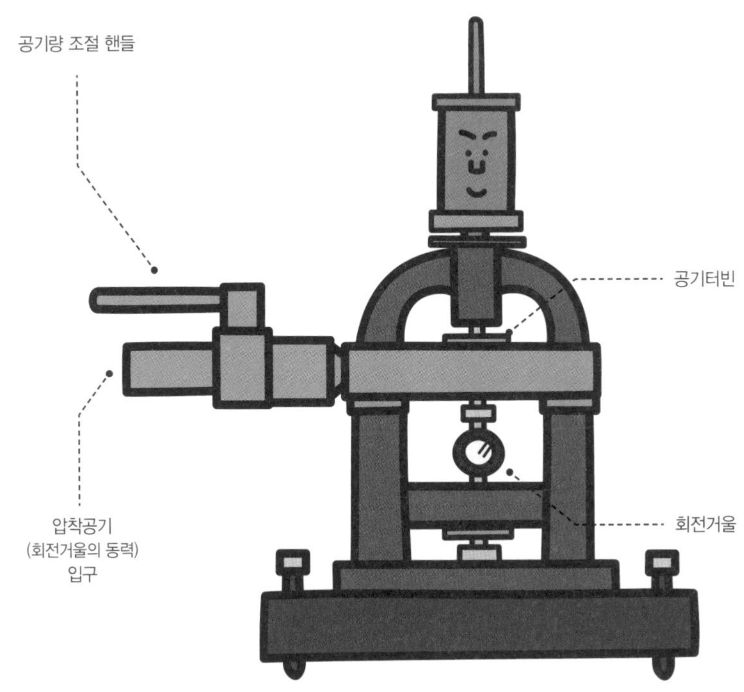
공기량 조절 핸들
공기터빈
회전거울
압착공기
(회전거울의 동력)
입구

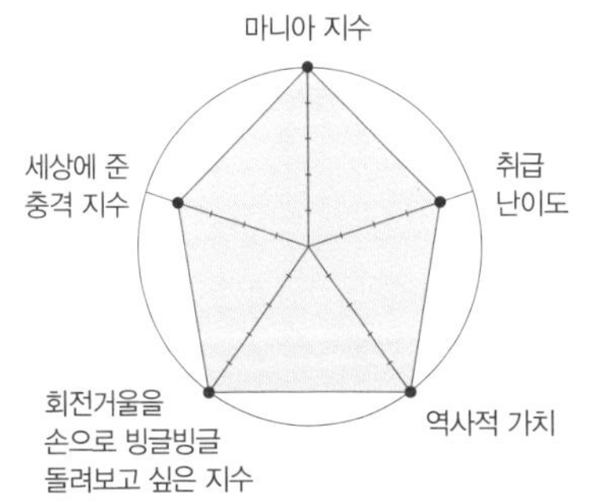
마니아 지수
취급
난이도
역사적 가치
회전거울을
손으로 빙글빙글
돌려보고 싶은 지수
세상에 준
충격 지수

정식 명칭 푸코의 회전거울

특기 거울 회전시키기

제조 연대 19세기 중반

〈한 뼘 정보〉

제작자인 푸코 씨는 지구의 자전을 증명하는 데 사용된 푸코의 진자로도 유명하다.

크룩스관 씨와 형광판 씨

내 안은 진공이야~
오, 크룩스관 찌다.
난 형광판이야~
크룩스관 씨와 형광판 씨
(1870년경~)

얘들아, 이쪽도 와봐~
광속을 측정할 수 있구나~
응응

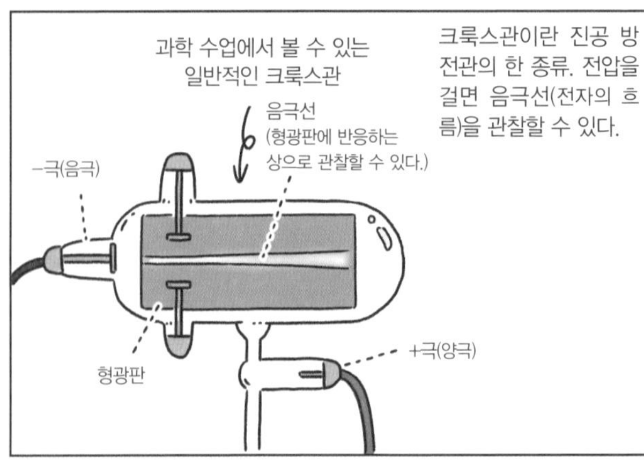
과학 수업에서 볼 수 있는 일반적인 크룩스관
크룩스관이란 진공 방전관의 한 종류. 전압을 걸면 음극선(전자의 흐름)을 관찰할 수 있다.
음극선
(형광판에 반응하는 상으로 관찰할 수 있다.)
−극(음극)
형광판
+극(양극)

어?
내가 아는 크룩스관이랑 모양이 다르네?
안에 판이 들어 있었는데

진공 기술은 19세기에 들어서면서 크게 발전했어.
진공이 방전될 때 발생하는 신비로운 '음극선'의 정체를 규명하기 위해 많은 사람이 연구에 뛰어들었지.
음극선 연구요?
나는 음극선 연구용으로 쓰이는 거라서 요즘 기구와는 모양이 달라.

1895년 독일의 물리학자 뢴트겐 씨도 음극선을 연구하는 과학자 중 한 명이었어.
빌헬름 뢴트겐
(1845~1923)
크룩스관을
검은 종이로 덮었다.

※ 조명이 밝으면 음극선에 방해가 되므로 일부러 어둡게 했다.

19세기 말
우리는 엄청난
발견을 하게 돼.
그러다가

응?
휙

빛이 새지
않는 걸
확인하고
희미~

그럼
전원을
켜자!
부웅

그때
빛나던 게
바로 나야~

뭐지?
저 빛은…
왜 저기에서
빛이 날까?
희미~

음극선이 형광판을 발광시킨다는 사실은 이미 밝혀져 있어. 하지만 음극선이 여기까지 도달할 리가 없는데. 그렇다면 음극선이 아니라 눈에 보이지 않는 또 다른 미지의 광선이 방출되고 있다?

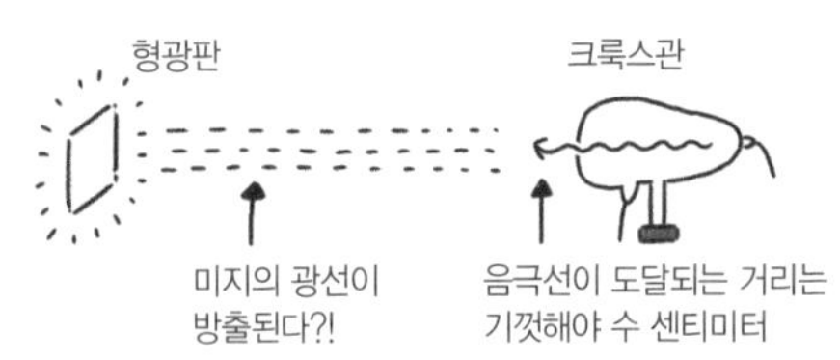
형광판
크룩스관
미지의 광선이
방출된다?!
음극선이 도달되는 거리는
기껏해야 수 센티미터

희미~
터벅
터벅

덥석
이렇게 멀리 있는 형광판에서
빛이 나다니 너무 이상해.

설마 이건
대발견?!

그 후 뢴트겐 씨는 눈에 보이지 않는 이 미지의 광선을 'X선'이라 명명했고 다양한 검증결과를 발표했어.
이 X선은 인체를 통과합니다! 증거는 이 사진입니다!
X선
X선 사진
(부인의 손)

X선이 발견된 역사적 순간!
정답~!
우와

맞아!
노벨상의 역사는
우리로부터
시작되었다 해도
과언이 아니야!
그뿐 아니라 제1회
노벨 물리학상도
타게 되었어.
실험기구들의
꿈이죠!

이는 전 세계의 과학계와 의학계에 엄청난 반향을 불러일으켰다.
이건 세기의 대발견이다!
당장 의학에 응용하자!
X선은 위대해!

크룩스관 씨와 형광판 씨

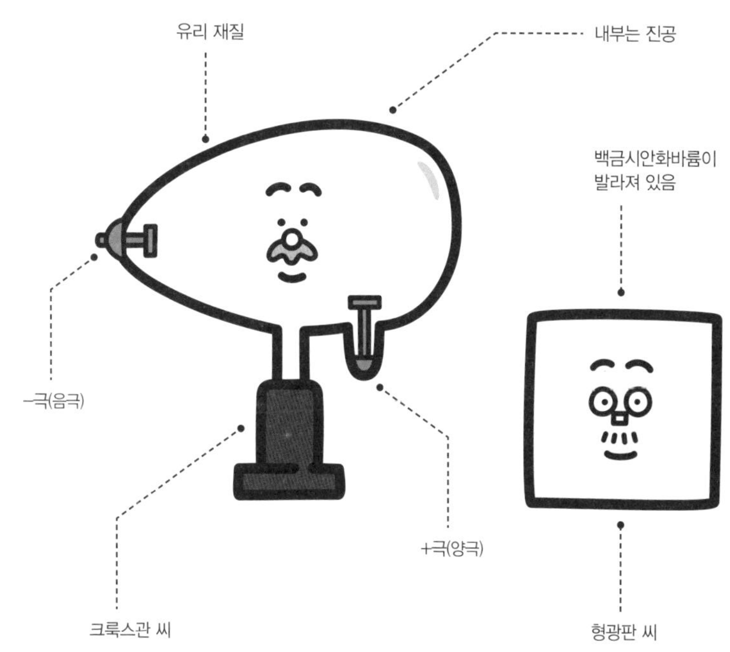
유리 재질
내부는 진공
백금시안화바륨이
발라져 있음
–극(음극)
+극(양극)
크룩스관 씨
형광판 씨

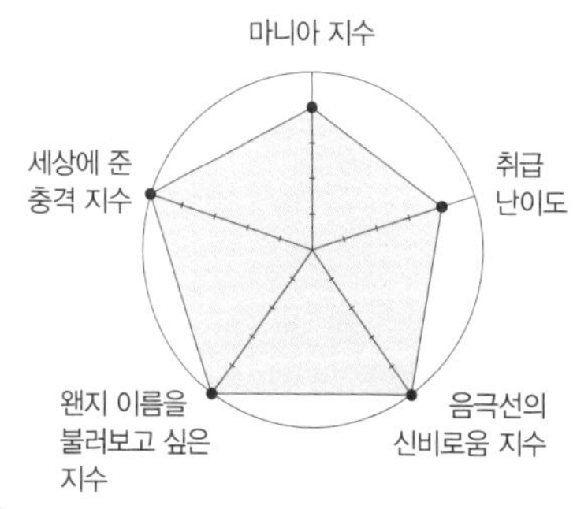
마니아 지수
취급
난이도
음극선의
신비로움 지수
왠지 이름을
불러보고 싶은
지수
세상에 준
충격 지수

정식 명칭	크룩스관
특기	음극선 발생시키기
제조 연대	1870년경

〈한 뼘 정보〉

크룩스라는 이름은 제작자인 영국의 물리학자 윌리엄 크룩스(1832~1919)에서 유래했다.

그 밖의
선배들

다양한 실험용 진공 방전관

가이슬러관

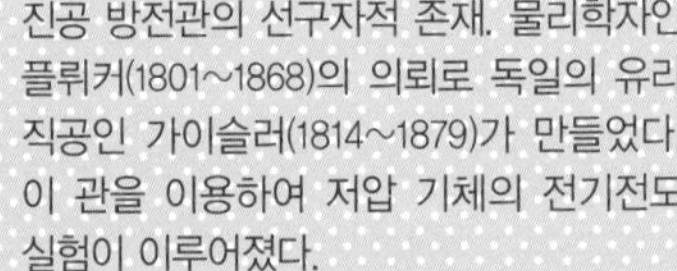

진공 방전관의 선구자적 존재. 물리학자인 플뤼커(1801~1868)의 의뢰로 독일의 유리 직공인 가이슬러(1814~1879)가 만들었다. 이 관을 이용하여 저압 기체의 전기전도 실험이 이루어졌다.

바람개비가 장착된 크룩스관

관 안에 가벼운 바람개비가 들어 있어서 레일 위를 움직일 수 있게 되어 있다. 음극선이 충돌하여 바람개비가 움직이는 것처럼 보이지만 실제로는 잔류기체의 작용으로 움직인다.

열작용을 나타내는 크룩스관

하부의 전극을 오목거울의 모양으로 만들고 그 초점에는 알루미늄 금속조각이 놓여 있다. 발생하는 음극선으로 금속조각이 빨갛게 가열되는 것을 관찰할 수 있다.

골트슈타인관

음극선은 모두 평행하게 똑같은 방향으로 방사된다는 사실을 입증하기 위해 전극을 별 모양으로 가공한 관. 이름은 독일 물리학자 골트슈타인(1850~1930)에서 유래.

불루지관

상부 전극에서 나온 음극선이 관 안의 바람개비에 부딪히면서 기체의 온도 변화에 따라 회전한다. 이름은 우크라이나의 물리학자 이반 불루지(1845~1918)에서 유래했다.

이렇게 우연히
뢴트겐 씨가
발견한 X선은
현재 정말
다양한
분야에
응용되고
있단다.

척척 박사
아기 꼬마전구

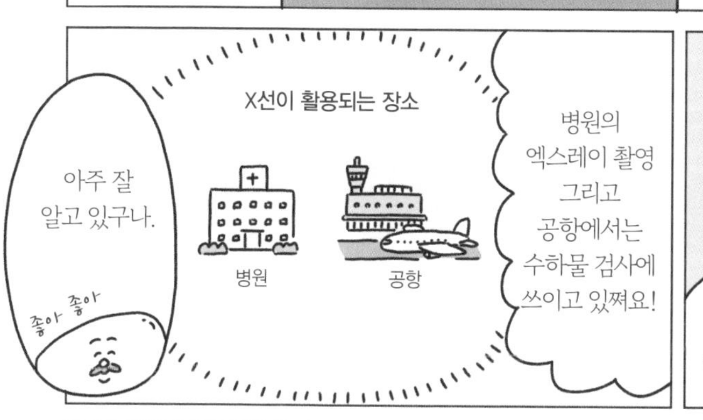
X선이 활용되는 장소
병원
공항
병원의
엑스레이 촬영
그리고
공항에서는
수하물 검사에
쓰이고 있쪄요!
아주 잘
알고 있구나.
좋아 좋아

저,
알고
있쪄요!
오?
그럼 한번
말해볼래?

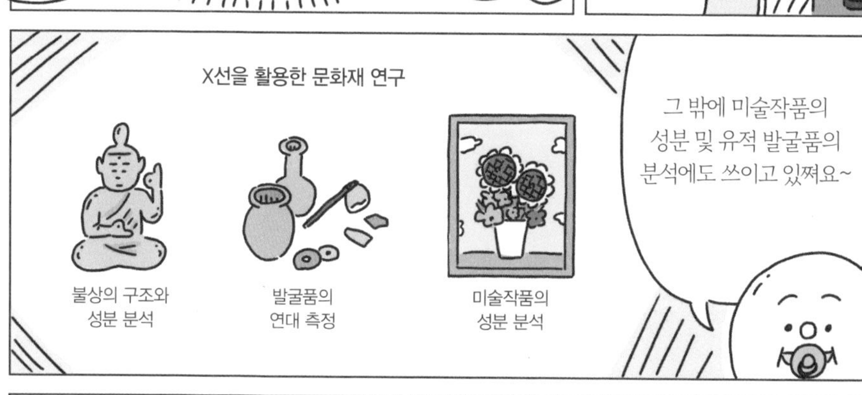
X선을 활용한 문화재 연구
불상의 구조와
성분 분석
발굴품의
연대 측정
미술작품의
성분 분석
그 밖에 미술작품의
성분 및 유적 발굴품의
분석에도 쓰이고 있쪄요~

나도 더
공부해야겠다.
그래
네 말이 맞다
이것 말고도
또…

나보다 많이 알고 있네.
미술작품 분석에도
쓰이는군.
요즘 애들은
참 똑똑해
그
그렇지

05

선배들에 얽힌 추억 이야기

오토 폰 게리케가 발명한 진공펌프. 제 마음은 이 진공펌프에 단단히 사로잡히고 말았습니다. '진공이라는 이름이 붙어 있으니 다른 펌프들과는 뭔가 다를 거야. 틀림없이 딴 펌프들과는 다른 뭔가가 특별할 텐데….' 이렇게 중얼거리며 진공펌프를 조사하고 깊이 파고들었지만, 결정적인 차이를 도저히 찾아낼 수가 없었습니다. 그 밖에도 진공용기, 진공밸브, 진공관 등등 '진공'이라는 말이 붙으면 뭔가 특별할 것 같지만 사실은 여기에서 '진공'은 '공기가 새어나가지 않게 제작된'이라는 뜻일 뿐, 기본적인 구조는 펌프나 용기·밸브·관이랑 똑같다는 것을 나중에야 알았습니다.

하지만 저의 진공 사랑은 여기에서 그칠 줄 모르고 결국에는 이탈리아의 토리첼리가 수은으로 실시한 실험(수은주 실험)에서 생기는 진공을 눈으로 직접 꼭 보고야 말리라고 마음먹기에 이르렀습니다. 그러나 그 많은 수은을 쉽게 얻을 수 있는 것도 아니고, 수은을 가지고 실험을 하기도 쉽지 않습니다. 그래서 저는 다른 방법으로 하기로 했습니다.

토리첼리가 수은주 실험을 시도한 이유는 예부터 알려져 있는 '10m가 넘는 깊은 우물에서는 펌프로 물을 퍼 올릴 수 없다'는 현상을 설명하기 위해서였죠. 젊어서 토리첼리가 사사한 갈릴레이도 이 현상에 관심이 있었다고 합니다. 비중 13.5, 즉 물보다 13.5배 무거운 수은을 이용하면 이 현상을 작은 장치로도 실험할 수 있다는 것이 토리첼리가 생각해낸 발상의 핵심입니다. 그는 실험 결과 성공적으로 관 위쪽에 진공을 만들어내고 수은의 무게와 대기압이 균형을 이룬다는 사실을 증명해냈습니다. 그 후 이 원리는 대기압을 측정하는 기기, 즉 기압계로 발전하게 됩니다(옛날에 기압계를 수은주라 부른 것은 이 때문입니다).

그럼 높이 10m+α의 관을 만든다면 수은이 아닌 물로도 실험할 수 있다는 말이 됩니다. 그래서 저는 튼튼한 투명비닐 호스를 양동이에 담가서 물을 채우고 한쪽 끝을 막아서 밧줄로 학교 건물의 발코니 위로 끌어당겼습니다.

높이가 10m를 조금 넘어서자 호스 위 끝단에 아름다운 토리첼리 진공이 나타났어요! 그리고 조금 더 지나자 물에 녹았던 공기가 감압으로 공기 방울이 되면서 10m 호스를 타고 위로 올라갑니다. 너무 멋진 장면이었어요. 정말 감동적이었습니다. 머리로는 알고 있어도 실제 눈으로 보는 것은 차원이 다르다는 걸 깊이 깨달은 순간이었습니다.

CHAPTER 6

유리로 만들어진 선배들

유리로 만들어진 선배들

내 선배님도 계실까?
터벅
터벅
유리네~

우와~!
어라? 저 친구는…

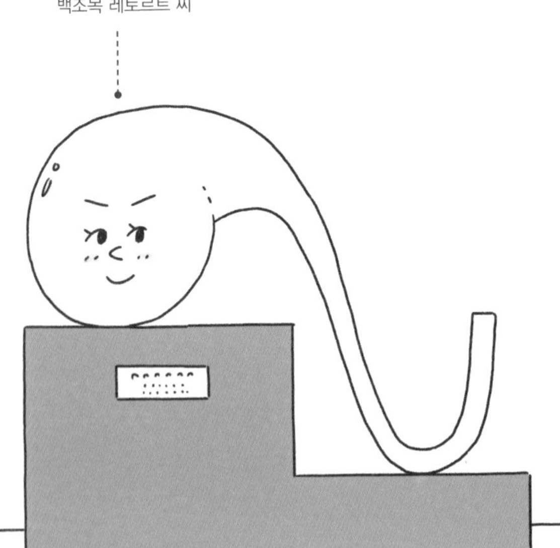
백조목 레토르트 씨

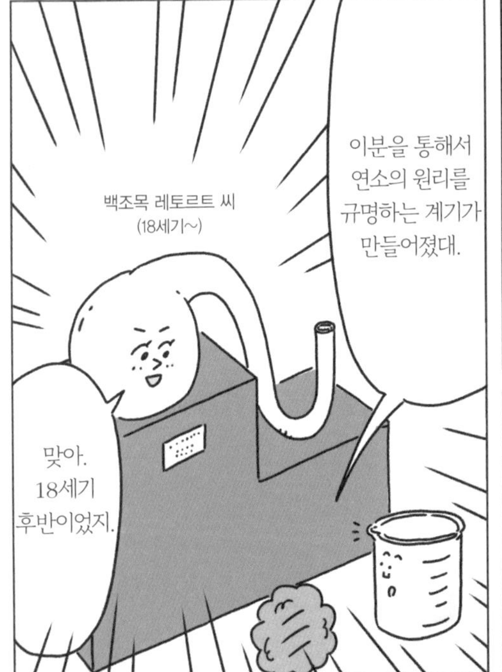
백조목 레토르트 씨 (18세기~)
이분을 통해서 연소의 원리를 규명하는 계기가 만들어졌대.
맞아. 18세기 후반이었지.

연소 전 강철솜 군, 너도 유리가 궁금했구나?
안녕, 비커 군

유리도 궁금하지만
난 연소와 관련된 선배님을 보러 왔어.

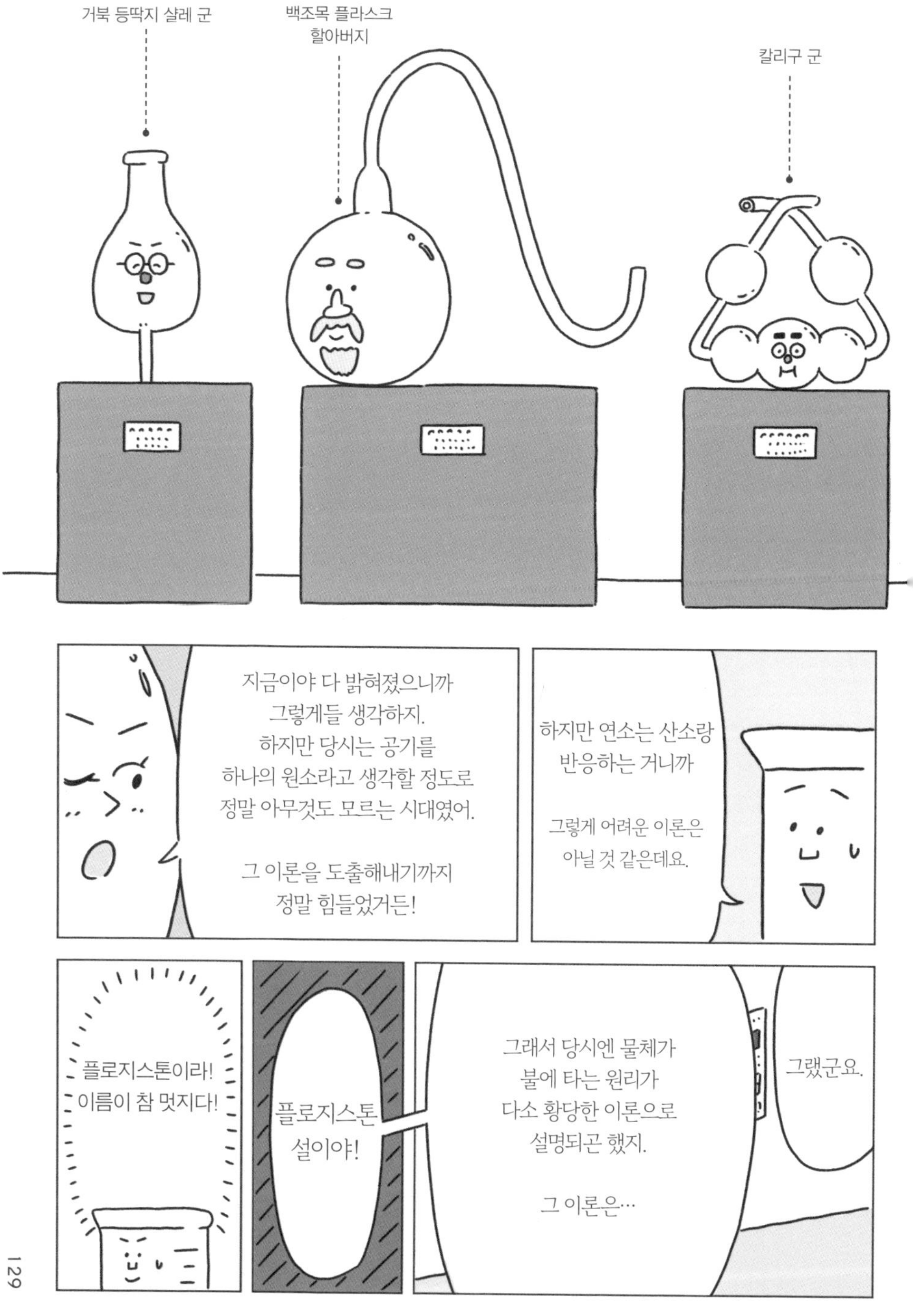

거북 등딱지 샬레 군

백조목 플라스크
할아버지

칼리구 군

지금이야 다 밝혀졌으니까
그렇게들 생각하지.
하지만 당시는 공기를
하나의 원소라고 생각할 정도로
정말 아무것도 모르는 시대였어.

그 이론을 도출해내기까지
정말 힘들었거든!

하지만 연소는 산소랑
반응하는 거니까

그렇게 어려운 이론은
아닐 것 같은데요.

플로지스톤이라!
이름이 참 멋지다!

플로지스톤
설이야!

그래서 당시엔 물체가
불에 타는 원리가
다소 황당한 이론으로
설명되곤 했지.

그 이론은…

그랬군요.

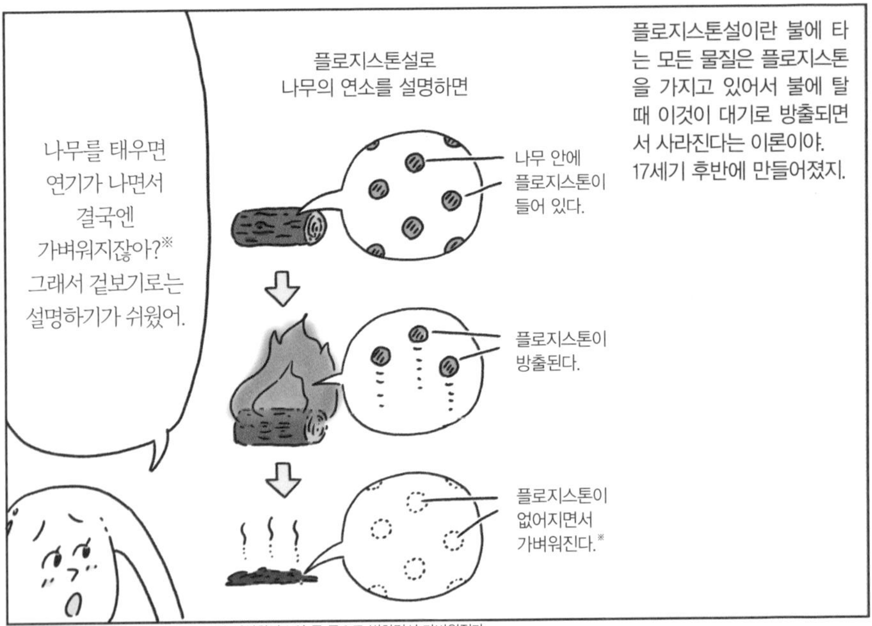

플로지스톤설이란 불에 타는 모든 물질은 플로지스톤을 가지고 있어서 불에 탈 때 이것이 대기로 방출되면서 사라진다는 이론이야. 17세기 후반에 만들어졌지.

플로지스톤설로
나무의 연소를 설명하면

나무 안에
플로지스톤이
들어 있다.

플로지스톤이
방출된다.

플로지스톤이
없어지면서
가벼워진다.※

나무를 태우면
연기가 나면서
결국엔
가벼워지잖아?※
그래서 겉보기로는
설명하기가 쉬웠어.

※ 실제로는 나무 안의 산소와 수소 등이 이산화탄소와 물 등으로 변하면서 가벼워진다.

그런데
플로지스톤설로는
도저히 설명할 수 없는
현상이 있었어.
?
금속을
태울 때는
무거워지는
현상이었지.
아,
그러네요.

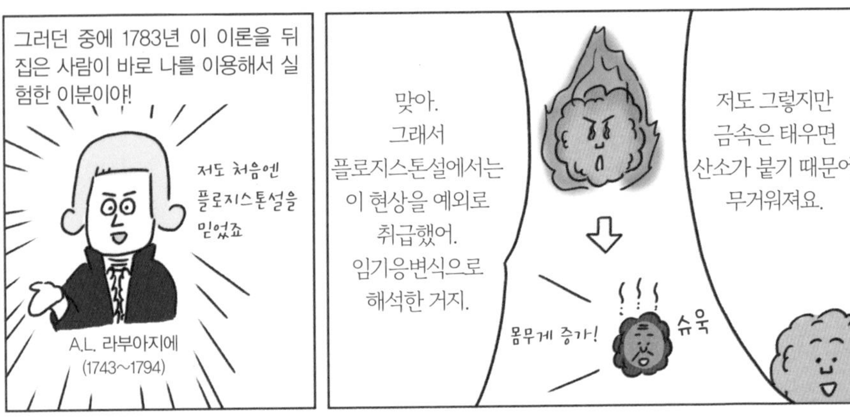
저도 그렇지만
금속은 태우면
산소가 붙기 때문에
무거워져요.
몸무게 증가!
슈욱
맞아.
그래서
플로지스톤설에서는
이 현상을 예외로
취급했어.
임기응변식으로
해석한 거지.
그러던 중에 1783년 이 이론을 뒤집은 사람이 바로 나를 이용해서 실험한 이분이야!
저도 처음엔
플로지스톤설을
믿었죠
A.L. 라부아지에
(1743~1794)

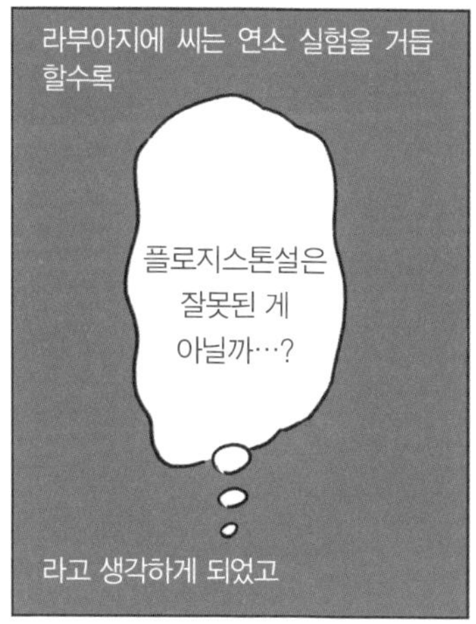
라부아지에 씨는 연소 실험을 거듭할수록
플로지스톤설은 잘못된 게 아닐까…?
라고 생각하게 되었고

라부아지에 씨의 훌륭한 점은 실험할 때 철저하게 측정을 했다는 거야. 지금이야 당연한 일이지만, 플로지스톤설처럼 '현상만 설명되면 만사 OK!'였던 당시로서는 굉장히 드문 일이었어.
실험이 바로 측정하는 것!

그 생각을 확고하게 만든 것이
내가 활약한 이 실험이야!

라부아지에의 수은 연소 실험

순서 ① 레토르트 안의 수은을 12일 동안 가열
↓
순서 ② 연소함에 따라 레토르트 끝에 있는 종 모양의 유리 용기 안의 공기가 감소
↓
순서 ③ 감소한 공기의 양을 측정

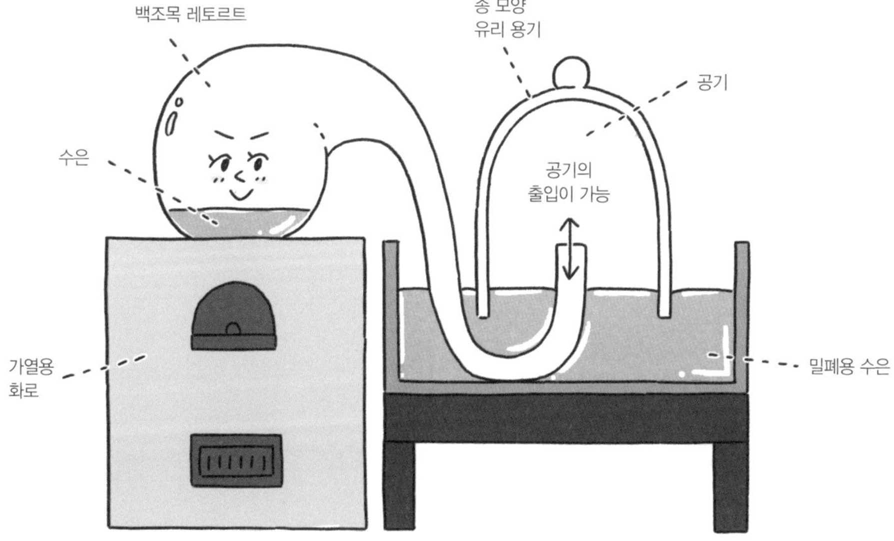
백조목 레토르트
종 모양 유리 용기
공기
수은
공기의 출입이 가능
가열용 화로
밀폐용 수은

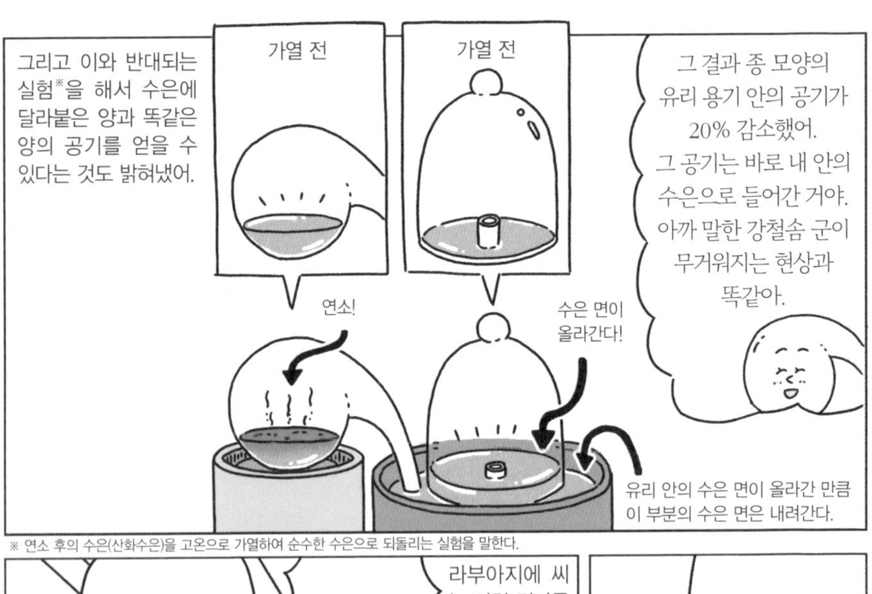
그리고 이와 반대되는 실험※을 해서 수은에 달라붙은 양과 똑같은 양의 공기를 얻을 수 있다는 것도 밝혀냈어.
가열 전
가열 전
그 결과 종 모양의 유리 용기 안의 공기가 20% 감소했어. 그 공기는 바로 내 안의 수은으로 들어간 거야. 아까 말한 강철솜 군이 무거워지는 현상과 똑같아.
연소!
수은 면이 올라간다!
유리 안의 수은 면이 올라간 만큼 이 부분의 수은 면은 내려간다.

※ 연소 후의 수은(산화수은)을 고온으로 가열하여 순수한 수은으로 되돌리는 실험을 말한다.

라부아지에 씨는 이런 결과를 토대로 새로운 연소 이론을 만들어냈어.
플로지스톤은 없습니다!
연소란 공기의 일부와 반응하는 것입니다. 저는 그 기체의 이름을 산소(酸素)라고 지었습니다!
왜냐하면 산(酸) 안에는 그 기체가 항상 들어 있기 때문입니다!
공기의 20%라니. 공기 중의 산소 비율이랑 거의 같네요!
빙고!
맞네~

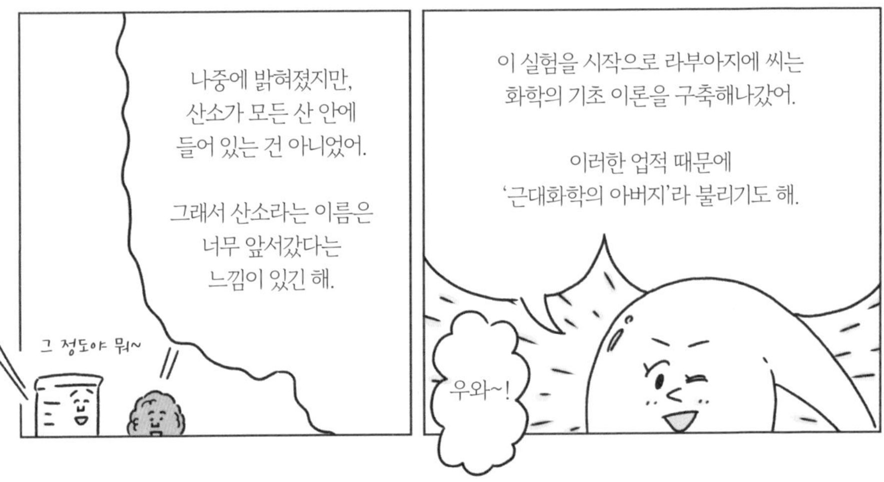
나중에 밝혀졌지만, 산소가 모든 산 안에 들어 있는 건 아니었어.
그래서 산소라는 이름은 너무 앞서갔다는 느낌이 있긴 해.
그 정도야 뭐~
이 실험을 시작으로 라부아지에 씨는 화학의 기초 이론을 구축해나갔어.
이러한 업적 때문에 '근대화학의 아버지'라 불리기도 해.
우와~!

백조목 레토르트 씨

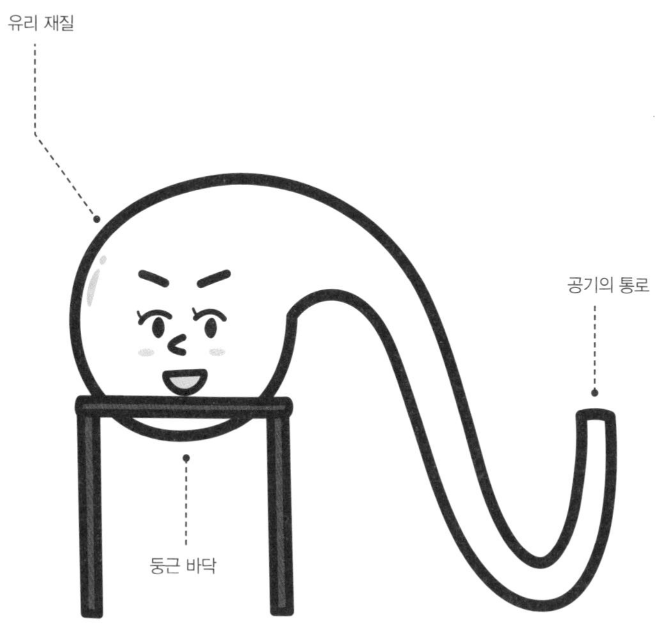
유리 재질
공기의 통로
둥근 바닥

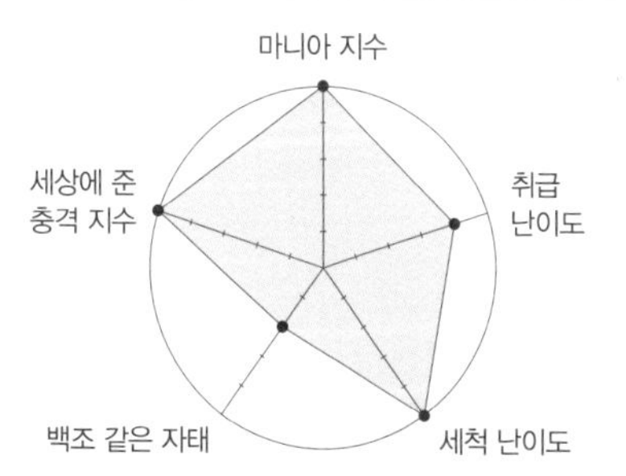
마니아 지수
취급 난이도
세척 난이도
백조 같은 자태
세상에 준 충격 지수

정식 명칭	백조목 레토르트
특기	플로지스톤설 부정하기
제조 연대	18세기

〈한 뼘 정보〉

목이 구부러지지 않은 일반적인 레토르트는 그 역사가 오래되어서 이미 연금술 시대부터 증류를 위한 도구로 쓰였다.

안녕!
난
칼리구야.
나를 만든 사람은
독일 화학자인
리비히 씨야.
유스투스 폰 리비히
(1803~1873)
칼리구 군(1830년대~)

칼리구 군

흘긋
라부아지에 씨도 훌륭하지만
옆의 친구를 만든 분도 정말 대단한 분이셔~

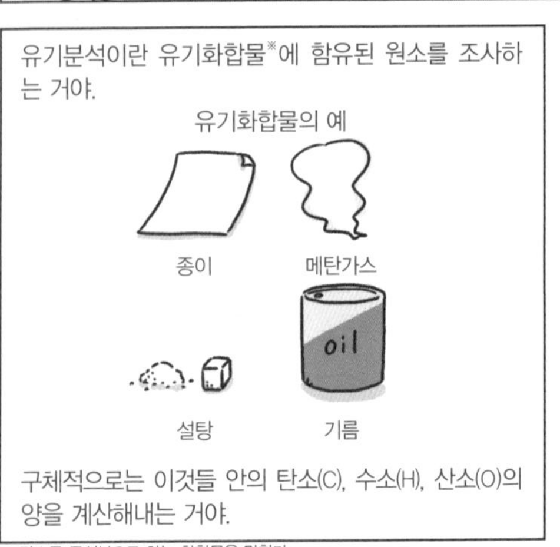
유기분석이란 유기화합물※에 함유된 원소를 조사하는 거야.
유기화합물의 예
종이
메탄가스
설탕
oil
기름
구체적으로는 이것들 안의 탄소(C), 수소(H), 산소(O)의 양을 계산해내는 거야.

※ 탄소를 주성분으로 하는 화합물을 말한다.

유기 분석이요?
이 모양이 유기물을 분석하는 데 적합하거든.
모양이 굉장히 독특하세요.
하하, 그렇지?

리비히 씨의 유기분석 장치의 주역이 바로
나다, 이거야!

리비히 씨는 유기분석으로 유기화학이라는 분야를 개척하셨어. '유기화학의 아버지'라고 불리기도 해.
또 나왔다, ○○의 아버지!

리비히 유기분석 장치(C, H, O 분석용)

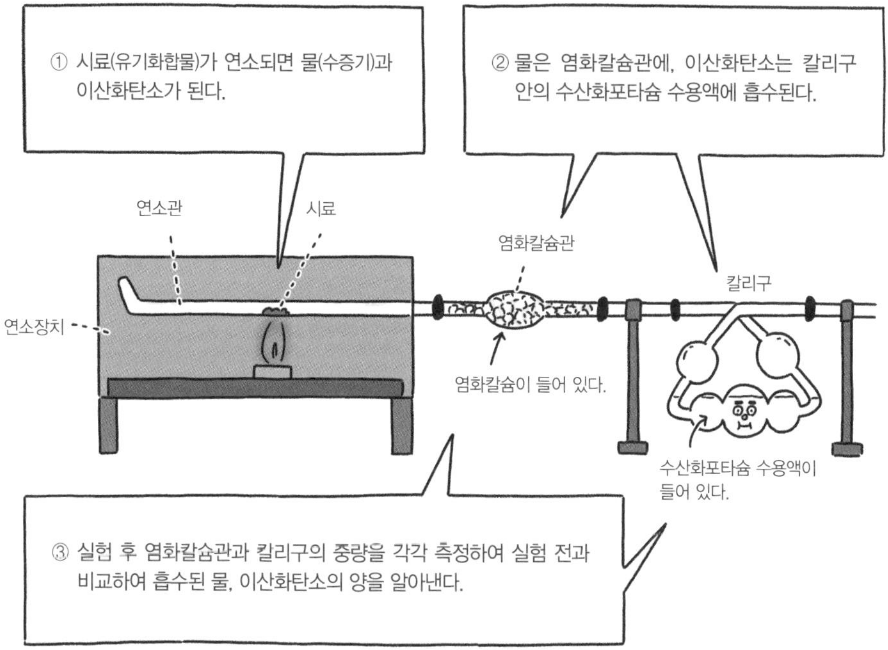

① 시료(유기화합물)가 연소되면 물(수증기)과 이산화탄소가 된다.

② 물은 염화칼슘관에, 이산화탄소는 칼리구 안의 수산화포타슘 수용액에 흡수된다.

연소관

시료

염화칼슘관

칼리구

연소장치

염화칼슘이 들어 있다.

수산화포타슘 수용액이 들어 있다.

③ 실험 후 염화칼슘관과 칼리구의 중량을 각각 측정하여 실험 전과 비교하여 흡수된 물, 이산화탄소의 양을 알아낸다.

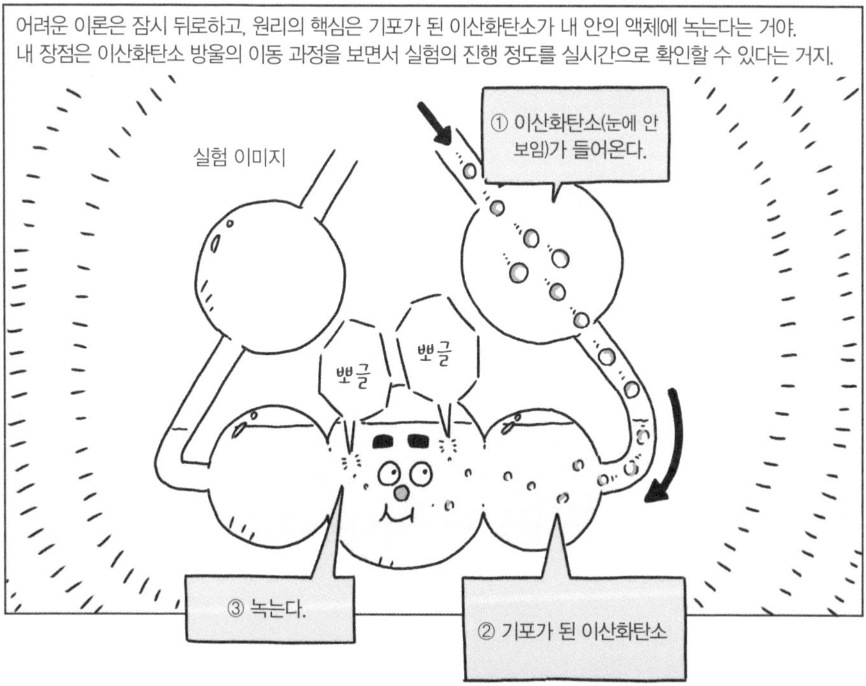

어려운 이론은 잠시 뒤로하고, 원리의 핵심은 기포가 된 이산화탄소가 내 안의 액체에 녹는다는 거야.
내 장점은 이산화탄소 방울의 이동 과정을 보면서 실험의 진행 정도를 실시간으로 확인할 수 있다는 거지.

실험 이미지

① 이산화탄소(눈에 안 보임)가 들어온다.

뽀글

뽀글

③ 녹는다.

② 기포가 된 이산화탄소

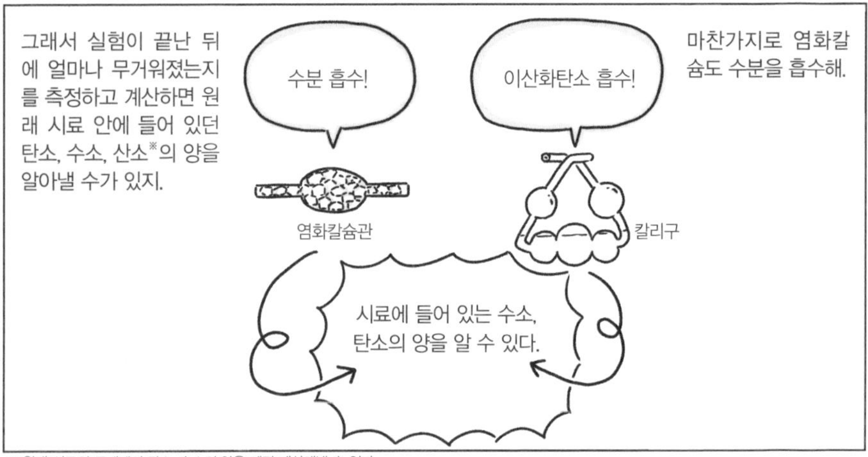
그래서 실험이 끝난 뒤에 얼마나 무거워졌는지를 측정하고 계산하면 원래 시료 안에 들어 있던 탄소, 수소, 산소※의 양을 알아낼 수가 있지.
수분 흡수!
이산화탄소 흡수!
마찬가지로 염화칼슘도 수분을 흡수해.
염화칼슘관
칼리구
시료에 들어 있는 수소, 탄소의 양을 알 수 있다.

※ 원래 시료의 무게에서 탄소, 수소의 양을 빼면 계산해낼 수 있다.

많은 문하생이 노벨상을 탔거든.
그리고 리비히 씨는 교육자로도 정말 훌륭하셨어.
우와~
예를 들면 질소 같은 거요.
?
탄소나 수소가 아닌 다른 원소는 알아낼 수 없나요?
질소는 내 안의 액체에 녹지 않기 때문에 기포 상태로 그냥 통과해버리지. 즉 분석할 수가 없어.
당시엔 정밀한 분석이 막 시작된 시기여서 탄소, 수소, 산소만으로도 충분했거든.
아, 질소다!
잘 가~
난 '유기화학의 아버지'가 아니라 '근대화학의 아버지'라고 부르는 게 맞지 않을까 생각하는데.
뭐라고? 지금 우리 라부아지에 씨한테 시비 거는 거니?
아, 죄송.

칼리구 군

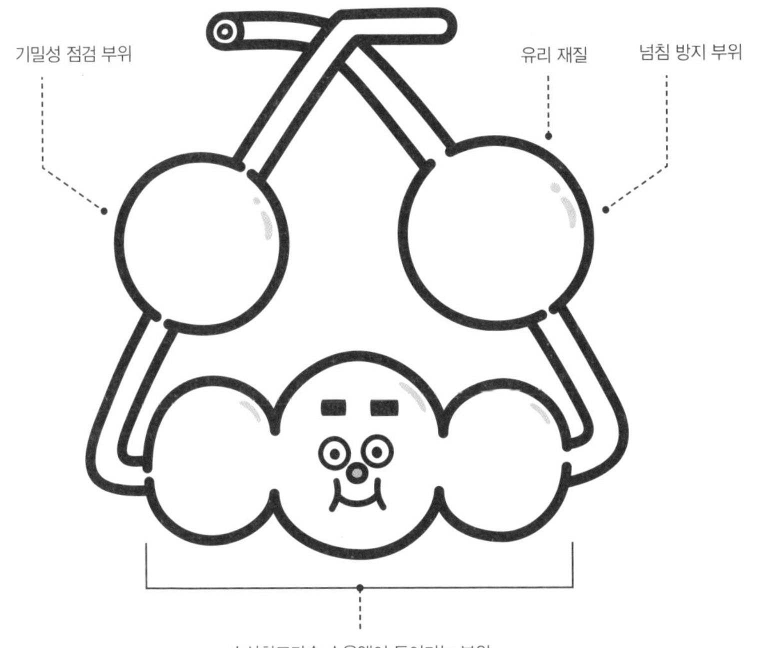
기밀성 점검 부위
유리 재질
넘침 방지 부위
수산화포타슘 수용액이 들어가는 부위

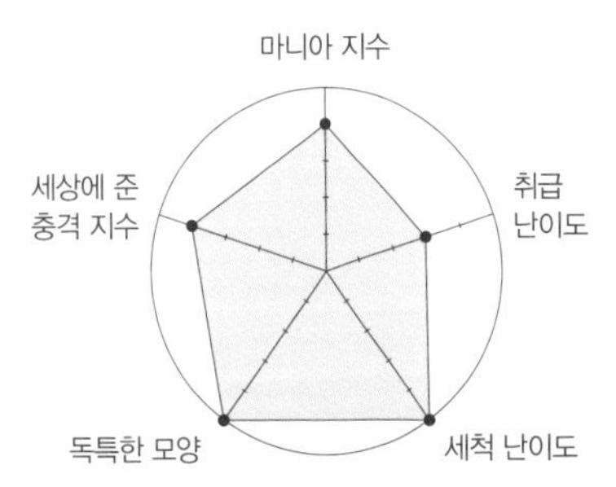
마니아 지수
취급 난이도
세척 난이도
독특한 모양
세상에 준 충격 지수

정식 명칭	칼리구
특기	안에 수산화포타슘 수용액을 품고 있기
제조 연대	1830년대

〈한 뼘 정보〉

미국 화학회의 로고 마크는 칼리구를 모티브로 만든 것이다.

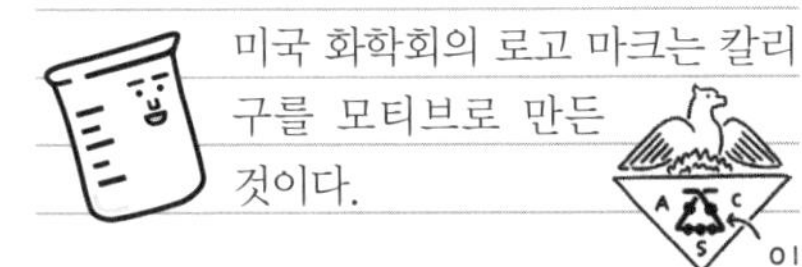
이 마크!

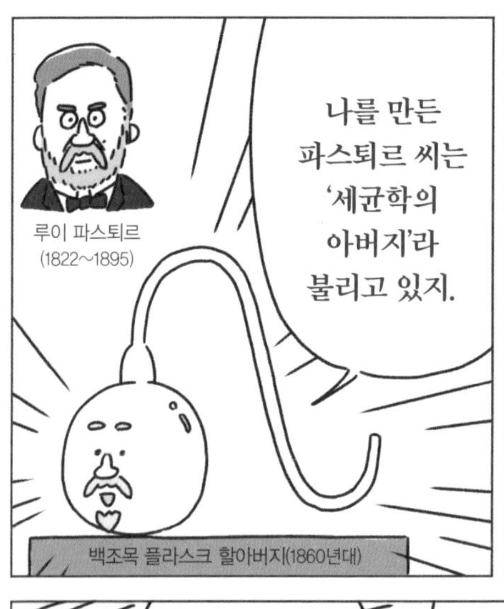
루이 파스퇴르
(1822~1895)
나를 만든 파스퇴르 씨는 '세균학의 아버지'라 불리고 있지.
백조목 플라스크 할아버지(1860년대)

백조목 플라스크 할아버지

근대화학의 아버지, 유기화학의 아버지…
아버지가 여럿이잖아.
뭐? 아버지라고?

저온살균법과 광견병 백신 개발 등 수많은 업적을 남기셨지만
그중에서도 가장 으뜸은 자연발생설을 뒤집은 거라 할 수 있지.
끄덕 끄덕
자연 발생설이요?

이 방에는 아버지가 많다!

뭔가 억지스러운데요…
이 이론이 지금은 거짓으로 밝혀졌지만 아주 옛날부터 있었던 이론이고 모두가 이를 진실로 믿었지.
도중엔 자연발생설을 실험으로 확인했다는 사람도 등장했는데…

자연발생설이란 쉽게 말하면 '생물은 아무것도 없는 자연 상태에서 저절로 생겨날 수 있다'는 이론이야.

부패물(무생물)
위잉~
파리(생물)가 태어남!

18세기 중반 영국의 학자 니덤 씨는 '팔팔 끓인 (미생물을 죽인) 수프를 코르크 마개로 막았는데 며칠 뒤 수프가 상했다'고 발표했어.

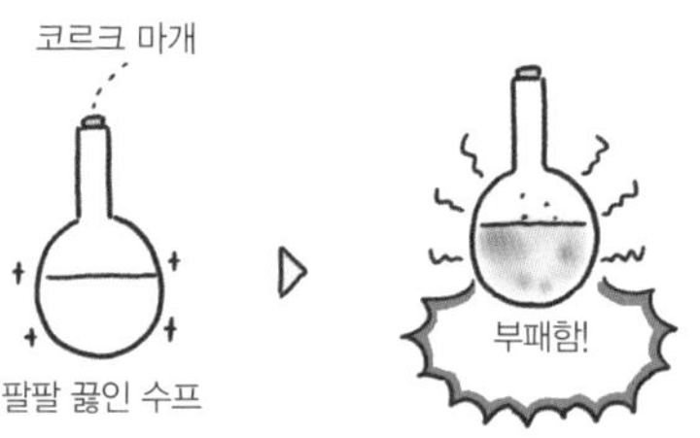

코르크 마개
팔팔 끓인 수프
부패함!

그는 이 현상을 '미생물(생물)이 안에서 자연발생했기 때문에 수프가 부패했다'고 설명했지.

하지만 당연히 반론이 제기되었지.
물론 미생물은 생명체입니다. 하지만 코르크 마개를 덮는 순간 미생물이 들어 있는 공기가 안으로 들어갔을 뿐입니다! 완벽하게 밀폐하면 자연발생이 일어날 수가 없어요.
스팔란차니 씨 (반대파)
니덤 씨 (자연발생설 인정파)

그래서 스팔란차니 씨는 수프를 넣은 플라스크의 입구를 완벽하게 밀폐해서 똑같은 실험을 했어.

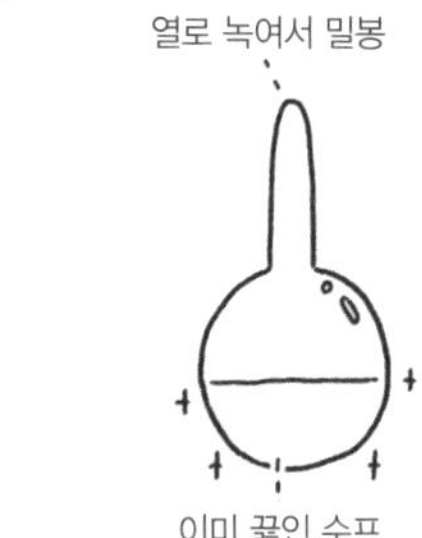

열로 녹여서 밀봉
이미 끓인 수프

즉 외부에서 미생물이 들어가지 못하도록 만들었지.

그런데 며칠이 지나도
거봐! 안 상하잖아!
즉 미생물(생물)은 자연 발생하지 않아! 고로 자연발생설은 틀렸어!

이것으로 이론이 부정되는가 싶었는데
음~ 이건 밀폐 때문이야.
네?
밀폐한 탓에 자연발생하는 데 필요한 영양 성분이 외부에서 공급되지 못했기 때문이야.
그 성분이란 게 대체 뭔데요?
그건 나도 몰라!

뭐야. 자기들한테 너무 유리한 변명이다.
그렇긴 하지만 결국 밀폐 용기로도 증명할 수 없다는 게 돼버렸지.

이걸로
스팔란차니 씨와
똑같은 실험을
해보겠어!
맞았어! 바로 내가 그 플라스크야! 위대한 파스퇴르 씨께서 만드셨지!

그래서 이런
플라스크가
필요해졌어.
입구가 열려 있어서
공기는 들어가지만
어려울 것
같은데요.
설마…
미생물이 수프 안으로는
들어가지 못하는 플라스크!

이 위대한 결과에는
누구도 반론을
제기하지 못했어.
그렇게 자연발생설은
사라지게 된 거야.
아이디어는
단순한데
대단하네요.
그렇지.
그 후로도 파스퇴르 씨는
미생물 연구에 더욱…
강철솜 군! 여기에서 졸면 어떡해!
헉

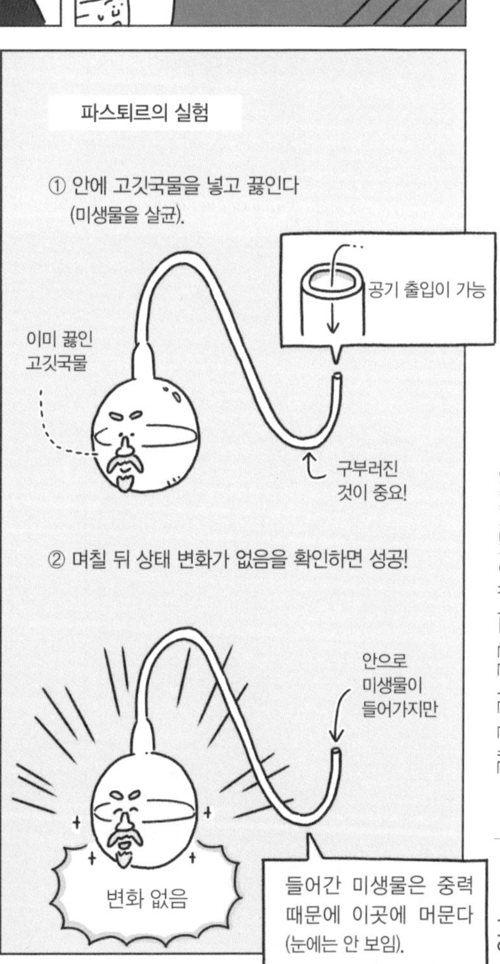
파스퇴르의 실험
① 안에 고깃국물을 넣고 끓인다
(미생물을 살균).
공기 출입이 가능
이미 끓인
고깃국물
구부러진
것이 중요!
② 며칠 뒤 상태 변화가 없음을 확인하면 성공!
안으로
미생물이
들어가지만
변화 없음
들어간 미생물은 중력
때문에 이곳에 머문다
(눈에는 안 보임).

백조목 플라스크 할아버지

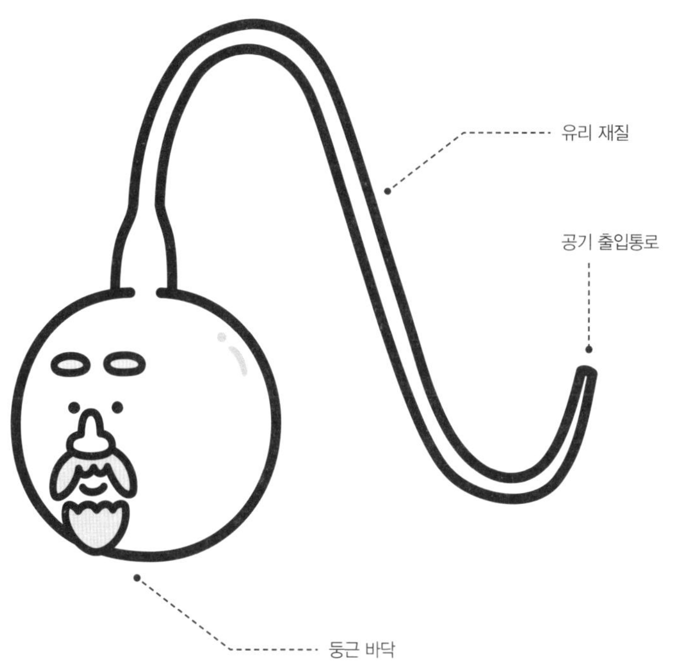
유리 재질
공기 출입통로
둥근 바닥

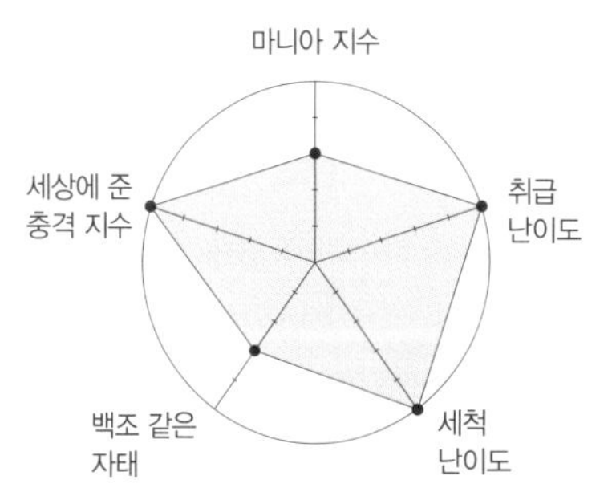
마니아 지수
취급 난이도
세척 난이도
백조 같은 자태
세상에 준 충격 지수

정식 명칭	백조목 플라스크
특기	자연발생설 부정하기
제조 연대	1860년대

〈한 뼘 정보〉

파스퇴르가 고안한 '저온살균법'※은 그의 공적을 기리기 위해 '파스퇴라이제이션(Pasteurization)'이라 불리기도 한다.

※ 식품의 변질을 방지하는 방법이다.

기타사토 시바사부로
(1853~1931)
파스퇴르 씨가
'세균학의 아버지'라면
나를 만드신
기타사토 씨는
'일본 세균학의
아버지'란다.
거북 등딱지 샬레 군

거북 등딱지 샬레 군

하하하
괜찮아
아까는
좋아서
죄송해요.
얘들아.

어떻게 하면
파상풍균을
순수배양힐
수 있을까…
1880년대 후반 독일
에서 유학 중이던 기
타사토 씨에겐 고민
이 있었어.
어려워

○○의 아버지
또 나왔다!

배양 후
파상풍균
다른 균이 혼합됨!
기타사토 씨는
파상풍균의 성질을
연구하기 위해
순수배양※을 시도하고
있었는데
늘 다른 균과 섞여버려
이 문제로 고민하고 있었어.

균 배양이란 균 하나하나는 매우 작아서 연구할 수 없으므로 인공적으로 증식시켜야 하는데 그 방법을 배양이라고 한다.

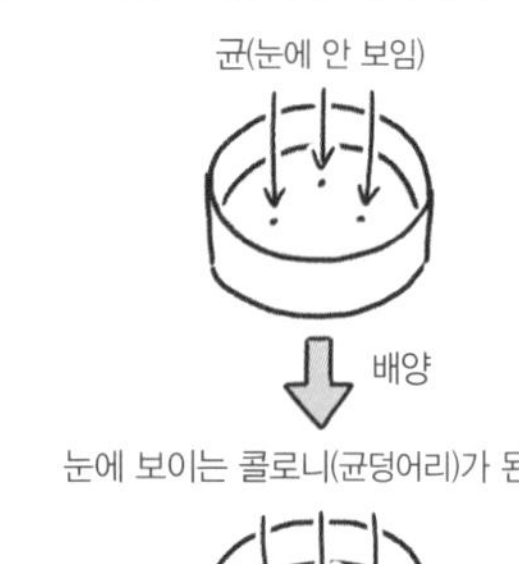
균(눈에 안 보임)
배양
눈에 보이는 콜로니(균덩어리)가 된다!

※ 단일 종류의 균만 추출해서 증식시키는 것을 말한다.

당시 저명한 세균학자조차 이렇게 선언할 정도였으니까.
그래서 저는 이 이론을 제기합니다.
파상풍균의 순수배양은 불가능해요!
공생배양설
독일의 세균학자 플뤼게 씨

많은 연구자가 이 주제에 도전했지만
세계에서 성공한 경우가 전혀 없을 정도로 굉장히 어려운 문제였어.
전혀요?

하지만 기타사토 씨는 절대 포기하지 않고 연구를 계속했어. 그러던 1889년 어느 날
시험관 배양으로 방법을 바꾸어서 가열했더니 잡균들이 모두 사라졌어!
표면보다 바닥 쪽에 많이 발생하는 이유는 모르겠지만 말이야.

…어라?
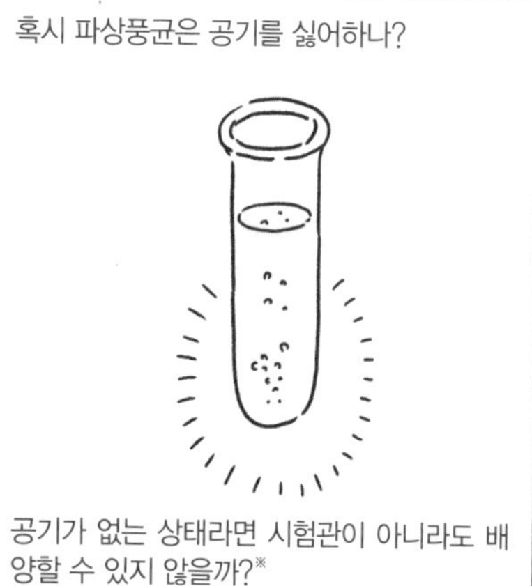
혹시 파상풍균은 공기를 싫어하나?
공기가 없는 상태라면 시험관이 아니라도 배양할 수 있지 않을까?※

이와 같은 균을 '혐기성 균(산소가 필요 없는 세균)'이라고 하는데
지금은 세균학의 상식이지만 당시엔 정말 획기적인 발견이었어.
기타사토 씨, 멋지다!

※ 더 일반적인 배양(평평한 면에서의 배양)을 실현하기 위해서다.

그 결과 내가
태어났지!
완성!
거북 등딱지 샬레 탄생!

공기 중에서의 파상풍균
배양이 불가능하다는 건
알겠는데
일반 샬레로는 공기가
들어갈 수밖에 없어.
아, 본체랑
뚜껑을
합쳐 버리면
가능하지
않을까?
이렇게

결과는 매우
성공적이었어!
세계 최초로
파상풍균의
순수배양에
성공했지.
대단해요!

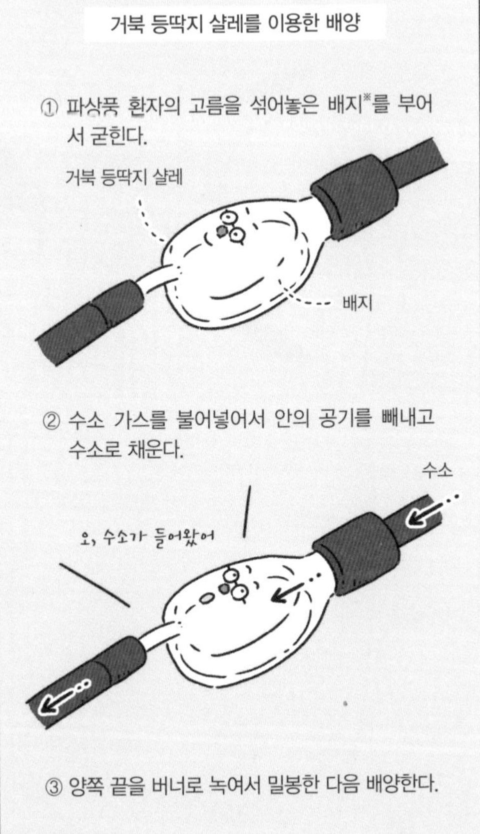
거북 등딱지 샬레를 이용한 배양
① 파상풍 환자의 고름을 섞어놓은 배지※를 부어서 굳힌다.
거북 등딱지 샬레
배지
② 수소 가스를 불어넣어서 안의 공기를 빼내고 수소로 채운다.
수소
오, 수소가 들어왔어
③ 양쪽 끝을 버너로 녹여서 밀봉한 다음 배양한다.

그 후 일본으로 돌아온
기타사토 씨는 연구소를
세워서 수많은
제자를 길러냈어.
그야말로
아버지네!

굉장히
엄해서
사람들이
무서워했대~
호랑이
선생님이셨구나!

※ 균이 증식하는 데 필요한 것이 들어 있는 것이다.

거북 등딱지 샬레 균

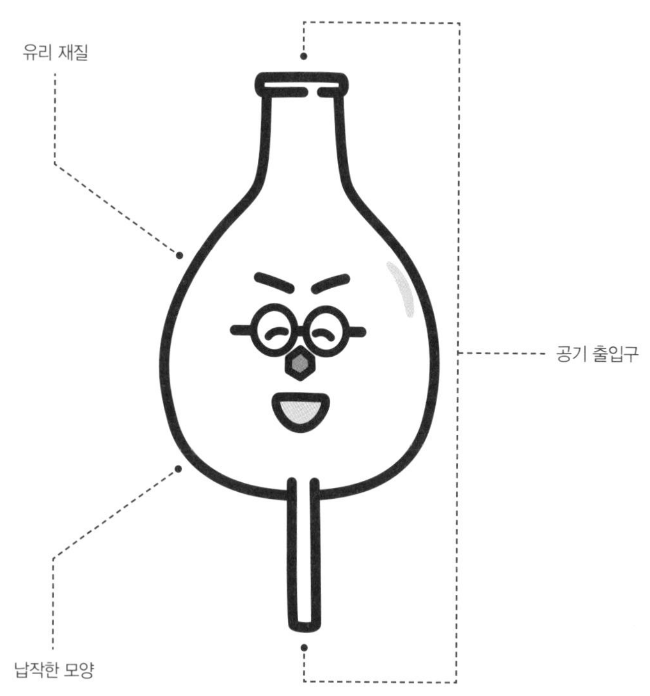

유리 재질
공기 출입구
납작한 모양

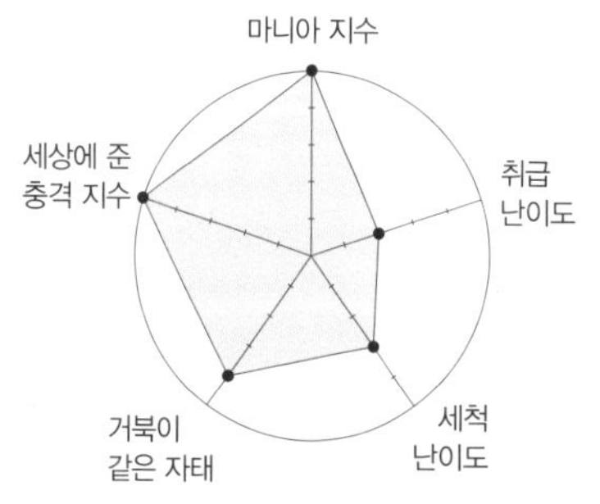

마니아 지수
취급 난이도
세척 난이도
거북이 같은 자태
세상에 준 충격 지수

정식 명칭	거북 등딱지 샬레
특기	혐기성 균 배양하기
제조 연대	19세기 후반

〈한 뼘 정보〉

기타사토 씨는 세균 연구의 업적을 높이 평가받아 제1회 노벨상 수상자 후보에 올랐다.

사진으로 만나는

실험기구 선배들

선배들의 실제 모습을 확인해 보자.

앞에서 소개한 선배들은 모두 실제로 사용되었던 실험기구들이야. 지금은 그림이나 사진으로 그 모습을 볼 수 있지만, 그중에는 실물이나 복제품으로 남아 있는 선배들도 있어. 여기에서는 그렇게 남아 있는 선배들의 모습을 최대한 많이 사진으로 소개하려고 해. 박물관에 가서 직접 실물을 보는 것도 추천해.

레이우엔훅의 현미경
(사진 제공 : aflo.com)

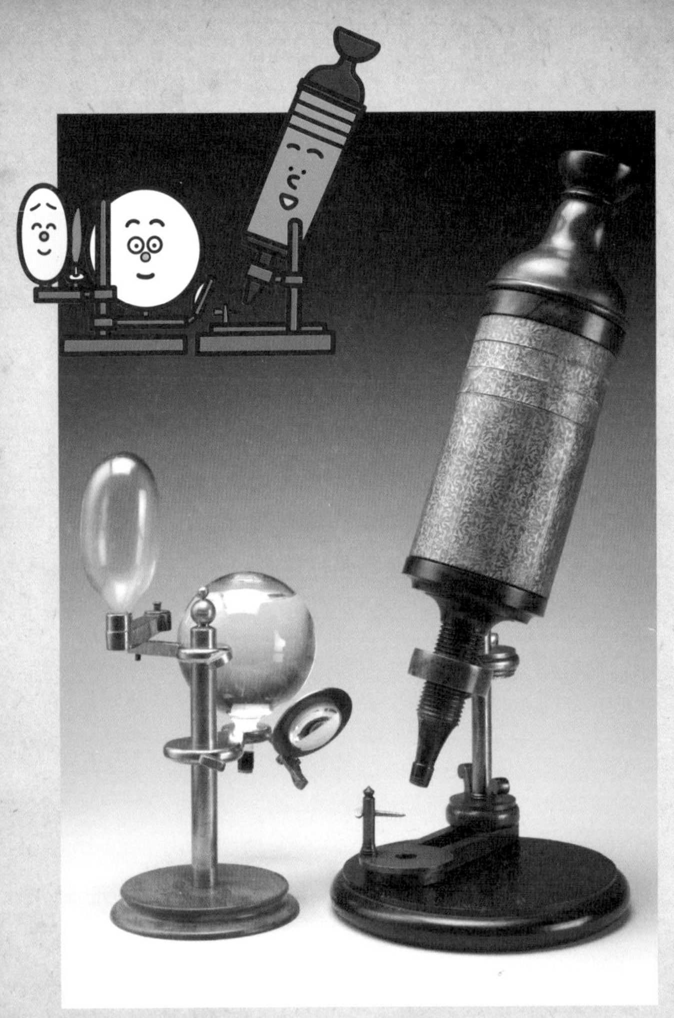

로버트 훅의 현미경
(사진 제공 : aflo.com)

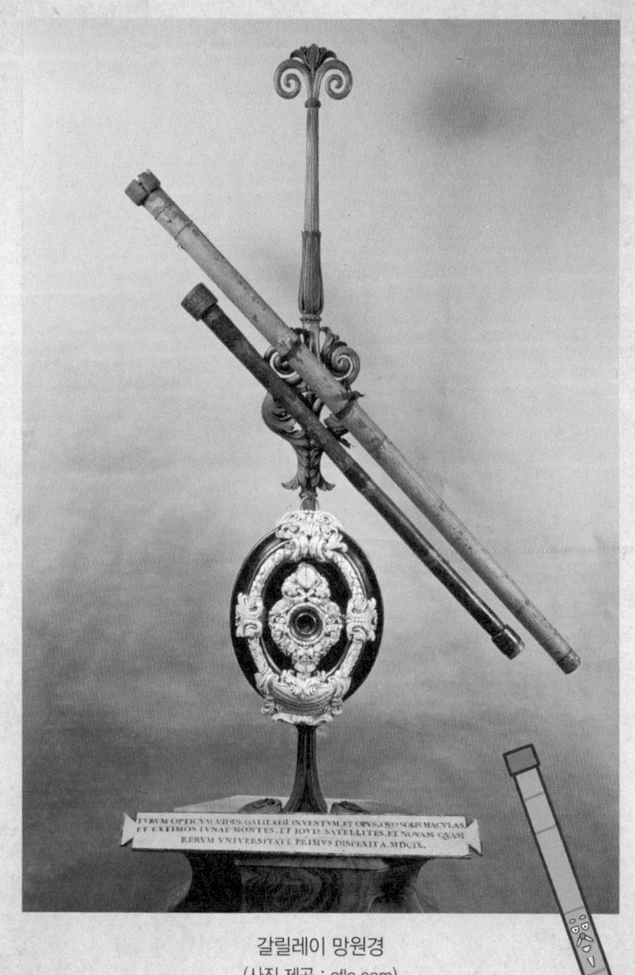
TVBVM OPTICVM VIDES GALILAEI INVENTVM ET OPVS QVO SOLIS MACVLAS
ET EXTIMOS LVNAE MONTES ET IOVIS SATELLITES ET NOVAM QVASI
RERVM VNIVERSITATE PRIMVS DISPEXIT A. MDCIX.

갈릴레이 망원경
(사진 제공 : aflo.com)

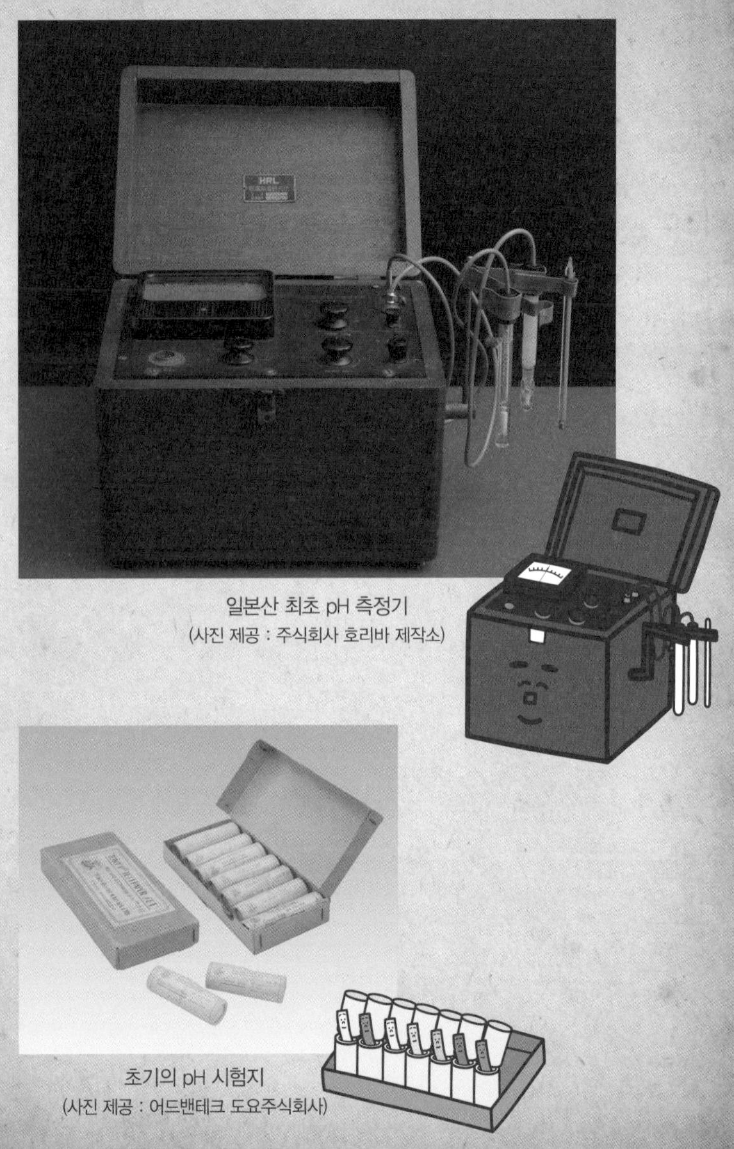

일본산 최초 pH 측정기
(사진 제공 : 주식회사 호리바 제작소)

초기의 pH 시험지
(사진 제공 : 어드밴테크 도요주식회사)

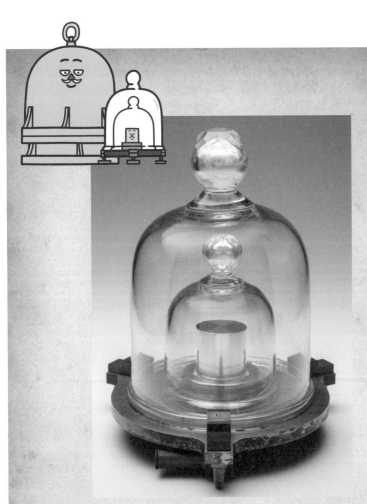

킬로그램원기
(사진 제공 : 일본 국립연구개발법인 산업기술종합연구소)

킬로그램원기 수송용기

(사진 제공 : 일본 국립연구개발법인 산업기술종합연구소)

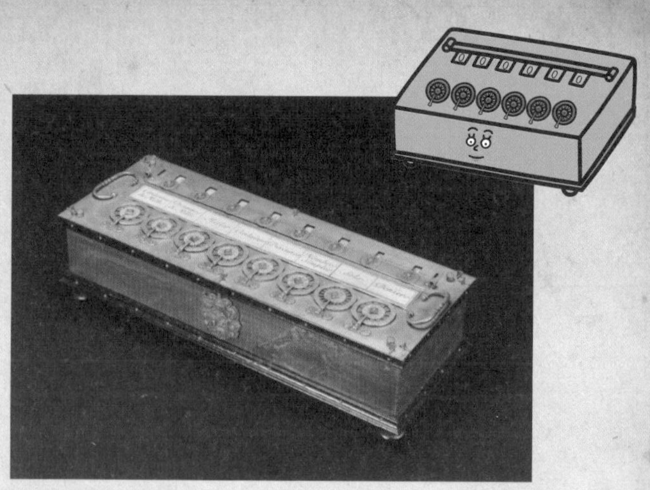

파스칼린
(사진 제공 : 일본 국립과학박물관)

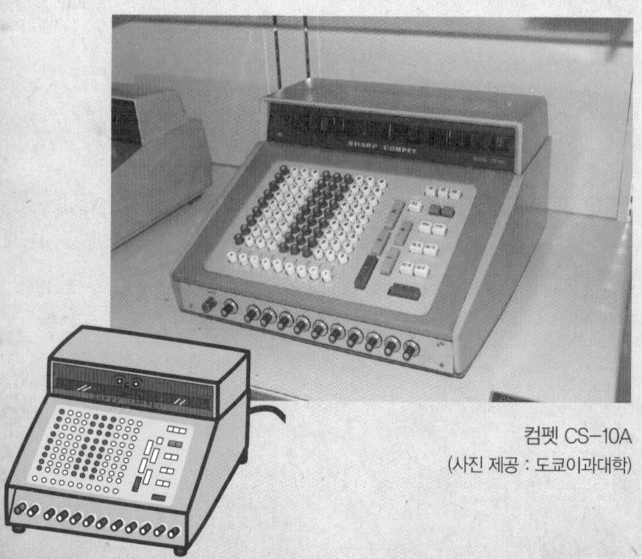
SHARP COMPET

컴펫 CS-10A
(사진 제공 : 도쿄이과대학)

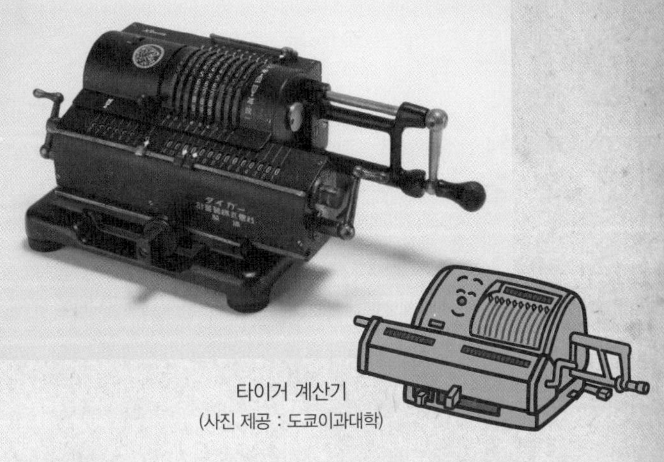

타이거 계산기
(사진 제공 : 도쿄이과대학)

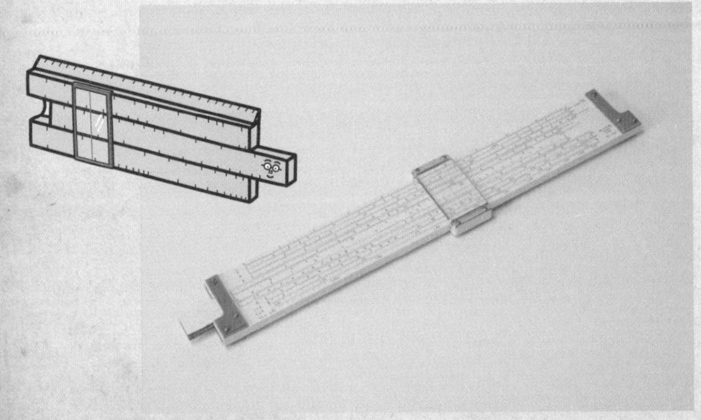

헨미 계산자
(사진 제공 : 도쿄이과대학)

商標登録
特許
密閉
S.Y
屋井
電池
乾電池界之元祖

특허
야이 건전지

야이 건전지
(사진 제공 : 도쿄이과대학)

에레키테르
(사진 제공 : 일본 우정박물관)

KS 자석강
(사진 제공 : 일본 금속재료연구소)

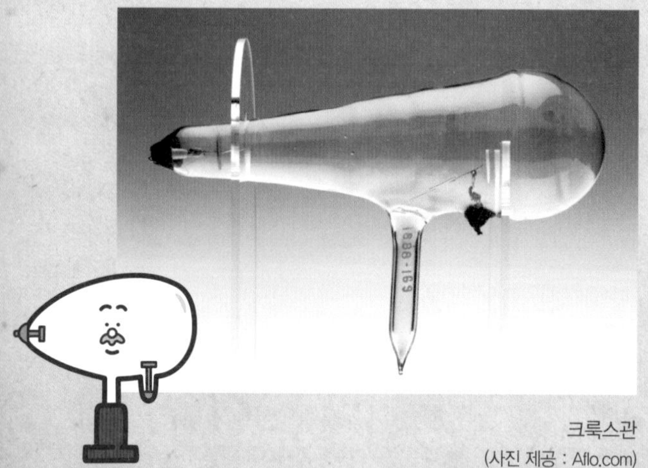

크룩스관
(사진 제공 : Aflo.com)

푸코의 회전거울
(사진 제공 : 도쿄대학 고마바박물관)

쭉쭉
재밌었어~
전부
다 봤다~
후우~
까악
까악

박물관을
나오며

내 선배님은
결국 못 봤어.

내 선배님이다!
정말?
어디?
진짜?

저건

존 조셉 그리핀 씨가
최초로 만든 비커(상상화)
존 조셉 그리핀(1802~1879)
영국의 화학자이자 화학실험 장치 판매상. 톨 비커와 같은 기다란 비커가 아닌 일반적인 모양의 비커는 그가 고안해낸 것이다.
이 동상이 비커 군의 선배님이야?
아니, 이 동상이 들고 있는 저 비커 말이야.
동상 이름은 그리핀 씨래.
내 별칭이 바로 그리핀 비커거든.
위대한 선배들에게 부끄럽지 않도록 앞으로도 열심히 실험하자!
아자!
그래!

참고문헌

· 가네코 쓰토무, 《갈릴레오의 작업실》(金子務, 《ガリレオたちの仕事場》, 筑摩書房, 1991).

· 고야마 게이타, 《과학사 인물 사전》(小山慶太, 《科学史人物事典》, 中央公論新社, 2016).

· 고야마 게이타, 《뉴턴의 비밀 상자》(小山慶太, 《ニュートンの秘密の箱》, 丸善, 1988).

· 나가히라 유키오 · 가와이 요코 편저, 《근대 일본과 물리 실험 기기》(永平幸雄 · 川合葉子編著, 《近代日本と物理実験機器》, 京都大学学術出版会, 2001).

· 나카지마 히데토, 《뉴턴이 역사에서 지운 남자》(中島秀人, 《ニュートンに消された男》, KADOKAWA, 2018).

· 다카도 다케오 외 편, 《이화기계 100년의 발자취》(高戸武雄ほか編, 《理化器械100年の歩み》, 島津理化器械株式会社, 1977).

· 다카하시 유조, 《전기의 역사》(高橋雄造, 《電気の歴史》, 東京電機大学出版局, 2011).

· 다케우치 신, 《실물로 보는 컴퓨터의 역사》(竹内伸, 《実物でたどるコンピュータの歴史》, 東京書籍, 2012).

· 도쿄과학박물관 편, 《에도 시대의 과학》(東京科学博物館編, 《江戸時代の科学》, 名著刊行会, 1969).

· 레너드 믈로디노프, 《이 세상을 알기 위한 인류와 과학의 400만 년사》(レナード · ムロディナウ, 《この世界を知るための人類と科学の400万年史》, 水谷淳訳, 河出書房新社, 2016).

· 로버트 훅, 《마이크로그라피아 : 미소 세계 도설》(ロバート · フック, 《ミクログラフィア : 微小世界図説》, 板倉聖宣ほか訳, 仮説社, 1984).

· 메이어 프리드먼 외, 《의학의 10대 발견 : 역사의 진실》(マイヤー · フリードマンほか, 《医学の10大発見 : その歴史の真実》, 鈴木邑訳, ニュートンプレス, 2000).

· 분석 기기 · 과학 기기 유산 편집위원회 편저, 《과학과 산업의 발전을 지탱한 분석 기기 · 과학 기기 유산》(分析機器 · 科学機器遺産編集委員会編著, 《科学と産業の発展を支えた分析機器 · 科学機器遺産》, 日本分析機器工業会 · 日本科学機器協会, 2017).

· 쓰카하라 도고 편, 《과학 기기의 역사 : 망원경과 현미경》(塚原東吾編, 《科学機器の歴史 : 望遠鏡と顕微鏡》, 日本評論社, 2015).

· 아이작 아시모프, 《화학의 역사》(アイザック · アシモフ, 《化学の歴史》, 筑摩書房, 2010).

· 야마사키 미치오, 《고고한 과학자 W. C. 뢴트겐》(山崎岐男, 《孤高の科学者 W.C.レントゲン》, 医療科学社, 1995).

· 오타 고지 외 감수, 《에도의 과학대도감》(太田浩司ほか監修, 《江戸の科学大図鑑》, 河出書房新社, 2016).

· 와타나베 게이 · 다케우치 요시토, 《완독 화학사》(渡辺啓 · 竹内敬人, 《読み切り化学史》, 東京書籍, 1992).

· 우치야마 아키라, 《계산기 역사 이야기》(内山昭, 《計算機歴史物語》, 岩波書店, 1983).

· 이토 가즈유키, 《갈릴레오 : 망원경이 발견한 우주》(伊藤和行, 《ガリレオ：望遠鏡が発見した宇宙》, 中央公論新社, 2013).

· 장 피에르 모리, 《뉴턴 : 사과는 왜 땅으로 떨어지는가》(한국어판)(ジャン・ピエール・モーリ, 《ニュートン：宇宙の法則を解き明かす》, 田中一郎監修, 遠藤ゆかり訳, 創元社, 2008).

· 제임스 매클래클런, 《갈릴레오 갈릴레이 : 종교와 과학의 틈새에서》(ジェームズ・マクラクラン, 《ガリレオ・ガリレイ：宗教と科学のはざまで》, 野本陽代訳, 大月書店, 2007).

· 페기 A. 키드웰 외, 《눈으로 보는 디지털 계산의 도구사 : 주판에서 PC까지》(ペギー・A・キドウェルほか, 《目で見るデジタル計算の道具史：そろばんからパソコンまで》, 渡辺了介訳, ジャストシステム, 1995).

· 하시모토 다케히코 외 감수, 《과학 대박물관》(橋本毅彦ほか監修, 《科学大博物館》, 朝倉書店, 2005).

· 화학사학회 편, 《화학사로의 초대》(化学史学会編, 《化学史への招待》, オーム社, 2019).

· 히라노 다카아키, 《샤프를 창조한 사나이》(한국어판)(平野隆彰, 《シャープを創った男：早川徳次伝》, 日経BP出版センター, 2004).

· 히라타 유타카, 《과학의 고고학》(平田寛, 《科学の考古学》, 中央公論社, 1979).

· 히로타 노보루, 《현대 화학사》(廣田襄, 《現代化学史》, 京都大学学術出版会, 2013).

사진 제공 · 취재 협력 리스트(가나다순)

도쿄대학 고마바박물관
도쿄이과대학
어드밴테크 도요주식회사
오사카시립과학관
일반사단법인 일본과학기기협회
일반사단법인 일본분석기기공업회
일본 국립연구개발법인 산업기술종합연구소
일본 금속재료연구소
일본 기상청 기상측기검정시험센터 기상측기역사관
일본 우정박물관
주식회사 호리바 제작소
aflo.com

글

야마무라 신이치로 (〈선배들에 얽힌 추억 이야기〉 01~05)

옮긴이 오승민

연세대학교 이과대학 화학과와 성균관대학교 제약학과를 졸업했으며, 현재 번역 에이전시 엔터스코리아 출판기획 및 일본어 전문 번역가로 활동하고 있다. 옮긴 책으로는 《비커 군과 실험실 친구들》, 《비커 군과 친구들의 유쾌한 화학실험》, 《미터 군과 판타스틱 단위 친구들》, 《돋보기 군, 우리 집에서 과학을 찾아줘!》, 《재밌어서 밤새 읽는 원소 이야기》, 《의외로 수상한 식물도감》 등이 있다.

비커 군과 실험기구 선배들

1판 1쇄 발행 2021년 3월 31일
1판 4쇄 발행 2024년 1월 15일

지은이 우에타니 부부
옮긴이 오승민
감수자 오카모토 다쿠지 · 김경숙

발행인 김기중
주간 신선영
편집 민성원, 백수연, 김우영
마케팅 김신정, 김보미
경영지원 홍운선

펴낸곳 도서출판 더숲
주소 서울시 마포구 동교로 43-1 (04018)
전화 02-3141-8301
팩스 02-3141-8303
이메일 info@theforestbook.co.kr
페이스북 · 인스타그램 @theforestbook
출판신고 2009년 3월 30일 제2009-000062호

ISBN 979-11-90357-60-9 03400